"1+X"职业技能等级证书配套教材

葡萄酒品鉴与侍酒服务

▪ 中级 ▪

新疆芳葡香思教育咨询有限公司组织编写

刘雨龙 ［加］Vivienne ZHANG 编 著

中国轻工业出版社

图书在版编目（CIP）数据

葡萄酒品鉴与侍酒服务.中级/刘雨龙,（加）张（ZHANG,V.）编著.—北京：中国轻工业出版社，2025.1

ISBN 978-7-5184-3078-9

Ⅰ.①葡… Ⅱ.①刘… ②张… Ⅲ.①葡萄酒－品鉴－职业技能－鉴定－教材 Ⅳ.①TS262.6

中国版本图书馆CIP数据核字（2020）第194247号

责任编辑：江 娟 贺 娜　　策划编辑：江 娟　　责任终审：滕炎福
封面设计：锋尚设计　　版面设计：潘 桔　　插画设计：何姿婵
责任校对：晋 洁　　责任监印：张 可

出版发行：中国轻工业出版社（北京鲁谷东街5号，邮编：100040）
印　　刷：鸿博昊天科技有限公司
经　　销：各地新华书店
版　　次：2025年1月第1版第4次印刷
开　　本：787×1092　1/16　印张：10.5
字　　数：124千字
书　　号：ISBN 978-7-5184-3078-9　定价：79.00元
邮购电话：010-85119873
发行电话：010-85119832　传真：85119912
网　　址：http://www.chlip.com.cn
Email：club@chlip.com.cn
版权所有 侵权必究
如发现图书残缺请与我社邮购联系调换

250080J4C104ZBQ

《葡萄酒品鉴与侍酒服务》
编委会

主　编　刘雨龙　　　[加] Vivienne ZHANG（张若音）

副主编　潘　桔

委　员（排名不分先后）

马先辰　　孙　昕　　吕晓申

刘灵伶　　刘菲菲　　张　聪

李自然　　李婉怡　　徐诗潇

谭颖瑜

教材作者

刘雨龙

法国侍酒师联盟成员 ▎WSET 英国葡萄酒与烈酒教育基金会四级认证 ▎WSET 英国葡萄酒与烈酒教育基金会官方认证讲师 ▎法国第戎高等商学院葡萄酒与烈酒国际贸易硕士

留法 6 年，曾求学于波尔多和勃艮第两大产区，拜访法国、意大利、德国、西班牙、葡萄牙等各国酒庄近 300 家，对旧世界葡萄酒了解颇丰，同时也十分熟悉英国葡萄酒教育体系。对葡萄种植酿造亦有涉猎，曾于梅多克四级名庄拉图嘉利（Château La Tour Carnet）参与葡萄酒酿造工作。曾任职于国内知名葡萄酒贸易公司，负责名庄酒采购。

［加］Vivienne ZHANG（张若音）

加拿大不列颠哥伦比亚大学金融专业毕业 ▎加拿大不列颠哥伦比亚大学葡萄酒科学课程助教 ▎WSET 英国葡萄酒与烈酒教育基金会二级认证 ▎WSET 英国葡萄酒与烈酒教育基金会清酒高级认证

潘 桔

对外经济贸易大学欧洲语言文学（意大利语）硕士毕业 ▎40 余万字意大利语 - 中文出版译作 ▎WSET 英国葡萄酒与烈酒教育基金会二级认证 ▎CPD 英国职业进修单桶威士忌课程认证 ▎曾任职于国内知名葡萄酒贸易公司负责名庄酒采购

马先辰

法国国家侍酒师顾问 ┃ WSET 英国葡萄酒与烈酒教育基金会四级认证 ┃ WSET 英国葡萄酒与烈酒教育基金会官方认证讲师 ┃ 波尔多、圣山、新西兰、干邑、雅文邑官方认证讲师 ┃ 法国《葡萄酒评论（RVF）》杂志酒评人、记者及专家品鉴团成员 ┃《葡萄酒评论（RVF）》世界盲品冠军（中国队）（2016）┃ 波尔多左岸骑士会荣誉骑士勋章

孙 昕

By Little Somms 品牌创始人、集团 CEO ┃ Somm 360 中国区大使 ┃ 大中华区最佳侍酒师大赛亚军（2018）┃ 中国最佳法国酒侍酒师大赛亚军（2017/2018）┃ 中国最佳侍酒师大赛亚军（2016/2017）┃ 中国最佳青年侍酒师大赛团队赛上海区冠军领队导师（2017）┃ CMS 侍酒大师协会认证侍酒师 ┃ WSET 英国葡萄酒与烈酒教育基金会清酒高级认证

吕晓申

法国英塞克高等商学院（INSEEC）葡萄酒与烈酒 MBA 毕业 ┃ 国际葡萄酒挑战赛（Challenge International du Vin）评委 ┃ 西班牙美酒（初级）官方认证讲师

刘灵伶

中国农业大学葡萄酒酿造工学硕士、葡萄与葡萄酒工学学士、英语双学位文学学士 ┃ WSET 英国葡萄酒与烈酒教育基金会四级认证 ┃ 阿根廷、南法、新西兰、纳帕谷协会官方认证讲师 ┃ 澳大利亚盲品达人赛全国冠军、最佳台风奖、最佳人气奖（2017）┃ 阿根廷葡萄酒协会最佳讲师（2019）

刘菲菲

CMS 侍酒大师协会认证侍酒师 ❘ 中国侍酒师大赛亚军（2019 / 2020）❘ 中国最佳德国酒侍酒师大赛季军（2019）❘ 中国酒单大奖赛中国大陆最佳侍酒师（2019）❘ 中国青年侍酒师冠军队（2018）❘ 澳洲葡萄酒推荐侍酒师（2017）❘ 上海葡道葡萄酒零售店首席侍酒师兼运营经理 ❘ 曾任太古酒店（成都博舍 & 上海镛舍）首席侍酒师

张　聪

上海外滩游艇会首席侍酒师 ❘ CMS 侍酒大师协会高级侍酒师 ❘ WSET 英国葡萄酒与烈酒教育基金会四级认证 ❘ 中国最佳法国酒侍酒师大赛冠军（2016）❘ 中国最佳侍酒师大赛冠军（2015）❘ SIWC 中国盲品达人挑战赛冠军（2016）❘ 澳洲品醉星期四盲品大赛冠军（2015）❘ WSET 及 IWSC "未来 50 强"获得者

李自然

西班牙里奥哈酿酒师协会注册成员 ❘ 西班牙里奥哈大学种植酿酒专业毕业 ❘ 西班牙有机葡萄酒大奖赛技术评审团委员 ❘ 葡萄酒媒体撰稿人 ❘ 曾任西班牙里奥哈产区阿塔迪酒庄助理酿酒师

李婉怡

勃艮第高等商学院葡萄酒与烈酒 MBA 毕业 ❘ 碗梨说创始人 ❘ WSET 英国葡萄酒与烈酒教育基金会四级认证 ❘ 瑞士官方葡萄酒大使 ❘ 勃艮第高等商学院媒体大使 ❘ 国内多家葡萄酒媒体合作撰稿人 ❘ WSET 及 IWSC "未来 50 强"获得者

徐诗潇

WSET 英国葡萄酒与烈酒教育基金会四级认证 ┃ WSET 英国葡萄酒与烈酒教育基金会官方认证讲师 ┃ WSET 英国葡萄酒与烈酒教育基金会考评官 ┃ 美国国际侍酒师高级认证 ┃ 阿根廷、新西兰、德国、里奥哈官方认证讲师 ┃ 苏格兰威士忌大使官方认证讲师 ┃ 中国白酒国家级品酒师，四川省白酒评委 ┃ 日本清酒侍酒师

谭颖瑜

CPD 英国职业进修课程：单桶威士忌和国际金酒品鉴师课程教材主编 ┃ 苏格兰威士忌大使国际认证课程首席导师，中国大陆地区讲师、考官 ┃ 金酒大使国际认证课程导师 ┃ 单桶威士忌投资顾问 ┃ 威士忌基金投资顾问 ┃ 香港中文大学客座葡萄酒讲师 ┃ TOE 葡萄酒与烈酒展览会烈酒大师班主讲人 ┃ 成都糖酒会葡萄酒大师班主讲人 ┃ 独立葡萄酒与烈酒专栏作家

前　言

我们为什么会爱上葡萄酒？

经常有人问我："你们为什么爱喝葡萄酒？这东西有什么魅力？"

借着这本书的前言，我想统一回复了吧。当然，这也是对有志于学习葡萄酒的同学的一点激励。

葡萄酒的世界包罗万象，它很复杂，但很有趣。

学习葡萄酒，需要放慢脚步，用心留意生活中的一花一草一木，认真感知那些常被忽略的细节，因为这些生活中的香气、滋味和感受，都能在葡萄酒中找到。

我们需要了解紫罗兰是什么香气、覆盆子是什么味道、百里香是什么滋味……甚至湿透的纸板，又该是怎样的气息。

我们需要探究自己的味觉，对酸有多敏感，对甜有多喜欢，对苦能接受到什么程度，对涩如何去感知。

当我们把这些香气、滋味和感受运用于品鉴葡萄酒，慢慢地便懂得了葡萄酒带来的感官享受。它们的颜色或明或暗，香气或浓或淡，滋味或甜或酸。一款伟大的葡萄酒，味道之复杂甚至难以言喻。这些味道承载着酒瓶背后的故事，随着时间的陈酿，宛如一幅幅铺陈展开的画卷。

当我们与葡萄酒同行，虽身未至，却也能到达希腊圣托里尼岛，去看火山岩上的葡萄树生长，宛如鸟巢一般；也能立于安第斯山巅，去听千年积雪融化成涓涓细流，滋润着阿根廷门多萨产区的土壤；有时在加拿大安大略湖畔感受凌厉寒风，有时也到葡萄牙杜罗河谷神游陡峭天梯……但凡葡萄树生长的地方，哪怕天涯海角，也是我们心神向往之处。

爱上葡萄酒，大概是因为它为我们打开了一扇门，通往全世界的门。

侍酒师——最全能的"酒林高手"

侍酒师是服务人员，但又不是普通的服务人员。要想修炼成为一名合格的侍酒师，需要大量的理论知识、广泛的品鉴经验以及数年的工作历练。

有人说酿酒师最好的朋友是侍酒师，是侍酒师将他们酿造的美酒呈现给最终的消费者。酿酒师是伯牙，侍酒师是子期，侍酒师是最懂酿酒师的人。如果你不能去葡萄酒产区亲身感受当地的风土和酿酒师的情怀，不妨到餐厅去找一位经验丰富的侍酒师吧，他/她能带你领略葡萄酒的美好。

在葡萄酒行业中，我所敬佩的许多人都是侍酒师。他们就像一本百科全书，能将一瓶酒背后的所有故事娓娓道来；也像一名魔法师，用令人惊叹的手法唤醒酒瓶中沉睡的生命；甚至是传说中的月老，在这大千世界中为一道菜找寻最适合的一款美酒。

如果说葡萄酒是一扇通往世界的门，那么侍酒师就是帮助人们开启这扇门的钥匙。

关于本套教材

《葡萄酒品鉴与侍酒服务》系列教材分为初、中、高三个等级。

初级作为入门教材，综合介绍了葡萄酒的基础知识，运用浅显易懂的语言帮助大家认识常见的葡萄品种、重要的葡萄酒产区、正确的品鉴方法以及基础的侍酒服务技能。

中级以必要的种植和酿造知识为基础，全面深入地讲解了重要的葡萄品种及其常见的成酒风格，并教授了一些进阶的侍酒服务技能。

高级重在详细介绍全球各主要葡萄酒产区，并补充了一些常用的酒精饮品知识以及其他进阶知识，旨在提升葡萄酒理论知识和侍酒服务技能的综合运用能力。此外，为了帮助读者在学习和生活中更好地建立具象化的产区认知，高级教材增加了顶级酒庄、知名品牌和推荐酒庄三类清单：顶级酒庄代表一个产区质量和价格的"天花板"，知名品牌的规模和品牌影响力较大，在全球分销较广，而推荐酒庄的酒款品质卓越，相当值得一试。

由于葡萄酒行业的知识日新月异，希望各位读者能够广泛涉猎相关书籍，并时常关注行业新闻，多与葡萄酒的从业人员沟通，以拓展和及时更新相关知识。

为了丰富本系列教材的理论知识和实操内容，我邀请了多位优秀的侍酒师、酿酒师和葡萄酒讲师参与编写，在此特地表示感谢。

本书全部插图由何姿婵创作，感谢她运用自己的才能将葡萄酒知识转化为生动的图画。

衷心感谢潘桔在文字统筹和排版设计工作中的努力，没有她的辛勤工作就没有本系列教材的出版。

刘雨龙

2021 年春，于北京

目　录

第一章　葡萄种植

第一节　葡萄果粒的基本结构　　1

第二节　影响葡萄品质的自然因素　　2

第三节　影响葡萄品质的人为因素　　9

第四节　葡萄园四季（北半球）　　13

第二章　葡萄酒酿造

第一节　发酵前　　17

第二节　发酵中　　19

第三节　发酵后　　22

第三章　常见白葡萄品种

第一节　经典白葡萄品种　　28

第二节　主要白葡萄品种　　52

第四章　常见红葡萄品种

第一节　经典红葡萄品种　　65

第二节　主要红葡萄品种　　94

第五章　起泡酒简介与侍酒服务

　　第一节　起泡酒的类型　　111

　　第二节　起泡酒的酿造工艺　　113

　　第三节　起泡酒的侍酒服务　　117

第六章　老酒简介与侍酒服务

　　第一节　什么是老酒　　121

　　第二节　老酒的侍酒服务　　122

　　第三节　采购老酒的注意事项　　125

第七章　侍酒服务中的突发状况

　　第一节　开瓶时断塞怎么办　　127

　　第二节　出现明显的还原气味怎么办　　131

　　第三节　客人不满意怎么办　　132

第八章　酒水推荐的基本考量：餐酒搭配

　　第一节　传统西餐的搭配　　137

　　第二节　中餐搭配的多变性　　140

第九章　酒水推荐的其他考量因素

　　第一节　客观因素　　147

　　第二节　主观因素　　149

参考资料　　**153**

第一章

葡萄种植

酿酒葡萄的品种和葡萄果实的质量是葡萄酒类型、风格和品质的先决条件。了解葡萄果实的构造以及环境对葡萄生长的影响,是掌握葡萄酒风格的重要基础。

第一节 葡萄果粒的基本结构

01 **葡萄梗**

含有丰富的单宁。发酵时是否去掉葡萄梗,取决于葡萄皮的单宁含量、葡萄梗单宁的成熟度以及葡萄酒的目标风格。

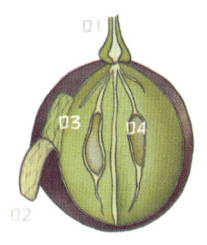

02 **葡萄皮**

含有单宁、色素和大量风味物质。葡萄酒的颜色、单宁和香气绝大部分都来自葡萄皮。另外,葡萄皮上还附有许多天然酵母和微生物,对于发酵环节不添加人工培育酵母的葡萄酒而言非常重要。

03 果肉

含有水、糖分和果酸，决定葡萄酒的酒精度和酸度。

04 葡萄籽

含有苦油和单宁，会增加葡萄酒的苦涩味。酿造过程中应尽量避免葡萄籽破碎，以免过于明显的苦涩味进入葡萄酒。

第二节 影响葡萄品质的自然因素

一、气候

纵观全球葡萄酒产区，大多分布于以下三种气候区之一。

【海洋性气候】

☀ 气候特征：
01 夏季四季温和，全年气温变化不大
02 昼夜温差相对较小
03 全年降雨量较大，且季节分布平均

⚑ 典型葡萄酒产区：
[法国] 波尔多
[西班牙] 西北部
[澳大利亚] 玛格丽特河
[新西兰] 大部分地区
[智利] 南部

海洋性气候整体而言较为温和，少有极端天气现象。但一般来说，这种气候的平均年降雨量较高，湿度大，容易引起葡萄的多种疾病。如果在采收前出现密集降雨，会对葡萄质量产生严重影响。例如在波尔多，不同年份的葡萄酒品质体现出明显的差异，就与秋季的降雨量密切相关。

【大陆性气候】

☼ 气候特征：
- 01 夏季炎热、冬季寒冷，四季分明
- 02 昼夜温差较大
- 03 降水量少，且季节分布不均
- 04 霜冻和冰雹等极端天气现象较多

▷ 典型葡萄酒产区：
- [法国] 勃艮第
- [意大利] 皮埃蒙特
- [德国] 所有产区
- [葡萄牙] 杜罗河
- [新西兰] 中奥塔哥
- [阿根廷] 门多萨

大陆性气候的昼夜温差较大，有利于保持葡萄的酸度。但由于夏季较短，不利于晚熟品种的成熟。霜冻和冰雹等极端天气常年困扰这些地方的葡萄种植者，是葡萄产量不稳定的主要原因之一。在一些产区，夏季尤为干燥，灌溉成为较常见的措施。

【地中海气候】

☼ **气候特征：**
01 夏季炎热干燥，冬季温和多雨，有利于葡萄开花、授粉、结果
02 昼夜温差较小
03 日照时间长，有利于葡萄的糖分累积
04 热量充足，葡萄能够充分成熟

⚑ **典型葡萄酒产区：**
[法国] 南罗纳河谷、朗格多克-鲁西荣、普罗旺斯
[意大利] 托斯卡纳、南部地区
[西班牙] 加泰罗尼亚
[美国] 加利福尼亚
[澳大利亚] 东南澳
[智利] 大部分产区
[南非] 大部分产区

地中海沿岸的各个产区是该气候的典型代表。这种气候类型既有海洋性气候较小的全年温度变化，又有大陆性气候干燥且光照充足的夏季。由于热量和光照充足，地中海气候产区的葡萄酒风格较为热烈奔放，具有成熟的单宁、较高的酒精度和较低的酸度。

二、光照与朝向

葡萄的糖分来自叶片的光合作用。

不同的葡萄品种对光照的需求不同。尽管我们无法改变一个地区的光照条件，但可以选择适宜的坡度、朝向和植株间距，从而改变葡萄树接收的光照量。

葡萄树在整个生长周期内需要 1200~1500 小时的光照，以保证其正常发芽、开花、结果和成熟。当光照不能满足葡萄树的正常生长需求时，葡萄树会出现相应的应激反应，如不开花、不结果等。

三、温度

温度在葡萄树的生长周期中始终起到决定性的作用。温度一方面影响糖分的累积，另一方面也影响酸度的变化。

在一定的温度范围内，糖分的累积速度与温度高低成正相关，但过高或过低的温度都会导致累积变慢甚至停止。另一方面，较低的温度有利于保留酸度。因此，炎热地区的葡萄酒通常酒精度较高而酸度较低；冷凉地区的葡萄酒则酒精度较低而酸度较高。

在葡萄的成熟阶段，日均温起到关键作用（理想范围 15~21℃）。在冬季，葡萄树需要足够的低温进入冬眠，为下一年的生长周期做好准备。

四、水分

光合作用需要消耗大量水分。平均年降雨量在凉爽气候地区达到 500 mm、在温暖气候地区达到 750 mm，才能保障果实成熟。

较多的降雨量可以加速葡萄树的生长，但如果过量，则会导致葡萄果实粒大皮薄、风味寡淡，并不适合用于酿造高品质的葡萄酒。

适当的干旱其实更加有益，缺水会刺激葡萄树的次生代谢，使得果实偏小、果皮偏厚，果实因此颜色深邃且风味更加浓缩。但非常严重的干旱会导致不结果或果实无法成熟。

五、土壤

土壤的保水性、通透性、保肥性、养分含量、土温变化速度等对葡萄树的生长和果实的成熟起着关键作用。

例如在法国波尔多左岸，土壤以砾石（Gravel）为主，由于质地疏松，排水性佳，储热能力强，适合种植赤霞珠这样的晚熟品种；而在波尔多右岸，以黏土（Clay）为主的土壤质地细腻，养分充足，具有良好的保水性，但排水性和储热能力较差，适合种植相对早熟的美乐。法国勃艮第的石灰岩（Limestone），教皇新堡的大鹅卵石（Galets Roules），德国摩泽尔的板岩（Slate），都是这些著名产区优质风土（Terroir）不可或缺的一部分。

值得注意的是，一片葡萄园的土壤实际上会由多种土壤类型共同组成。各类土壤可能是分层分布，也可能交叉混合，因此在研究一片葡萄园时，需要全面分析土壤的构成。

在以上各种复杂因素的相互作用下，土壤间接影响着成酒风格。

六、病虫害

病虫害是影响葡萄树正常生长的一个重大因素。葡萄树的病虫害依据不同的葡萄品种、生长环境和葡萄园管理方式而有所不同。

常见的葡萄病虫害包括灰霉病（分为灰腐和贵腐两种征状）、霜霉病、白粉病、红蜘蛛虫害、根瘤蚜（Phylloxera）虫害等。

灰霉菌 *Botrytis cinerea*

灰霉菌又称灰葡萄孢霉，是一种影响葡萄质量与产量的真菌。在不同条件下，受灰霉菌侵染的葡萄会展现出两种完全不同的"面貌"。

如果葡萄还未成熟，而环境过于潮湿又缺少光照，灰霉菌会大量爆发，导致果实腐烂并产生霉味，这种情况称为"灰腐"。如果用这样的葡萄酿酒，会严重影响酒的品质。

在极为特殊的自然条件下（清晨潮湿多雾，午后晴朗干燥），如果灰霉菌侵染了成熟且健康的葡萄，会导致果实中的水分散失，使糖分、酸度和风味物质高度浓缩，并改变葡萄的风味，这种现象称为"贵腐"，这样的葡萄能够酿造极为甜美的贵腐酒。全世界仅有个别产区具备得天独厚的自然条件能够酿造贵腐酒，如法国苏玳（Sauternes）、匈牙利托卡伊（Tokaj）。即便如此，这些地方也不是每年都能出现适合贵腐形成的有利条件。

影响葡萄品质的自然因素

第三节　影响葡萄品质的人为因素

一、砧木

在19世纪中叶以前，果实小、果皮厚、风味集中、种类繁多的自根欧亚葡萄（Vitis vinifera）是最佳的酿酒葡萄。但1863年开始的一场葡萄根瘤蚜危机席卷欧洲，摧毁了大面积的葡萄园，彻底改变了这一切。

与霜霉病和白粉病等大部分病虫害不同，化学药剂无法控制葡萄根瘤蚜虫害。根瘤蚜在其一生中有不同的形态，其中一段时间生活在地下，啃咬葡萄根部吸食营养。遭到啃噬的欧亚种葡萄树根部容易感染细菌和真菌病害，生命力和生产力也会因此大幅衰弱，甚至死亡。

人们经过长期的探索与研究，发现解决问题最有效的方法是将欧亚葡萄嫁接于美洲葡萄上，利用美洲葡萄根部对根瘤蚜的抵抗力，继续生产欧洲葡萄来酿酒。这一方法使葡萄砧木的应用变得极为广泛。

如今，欧洲大陆上几乎所有的酿酒葡萄树都嫁接在特定的砧木上，一方面是因为根瘤蚜虫害长期存在，另一方面是利用砧木调节葡萄树对养分及水分的吸收，极大地拓展了欧亚葡萄的适种范围。

二、培型、剪枝和引缚

培型、剪枝和引缚是葡萄园管理中非常重要的环节，通过控制葡萄树的生长形状、枝叶数量和生长方向，改变光照与通风条件，从而保证葡萄的高质量生长。这三个环节各自都有多种形式，在实际操作中可以根据种植酿造的需要，搭配出不同的组合。常见的组合有居由长枝修剪和高登短枝修剪。

【居由长枝修剪】

居由（Guyot）培型的葡萄树只有一根主干，修剪时保留一根或两根较长的一年生枝条。在一年生枝条上保留芽眼，总数通常为 8~20 个，具体芽眼数量取决于植株间距和葡萄品种的特性。

- ☺ 优点：
  - 01 芽眼感染病害的风险较低
  - 02 芽眼分布平均，新生嫩枝不会过于拥挤

- ☹ 缺点：
  - 01 修剪耗时且需要充足的经验，因此难以实现机械化操作
  - 02 芽眼更易受到霜冻的威胁
  - 03 顶端优势表现得较为明显

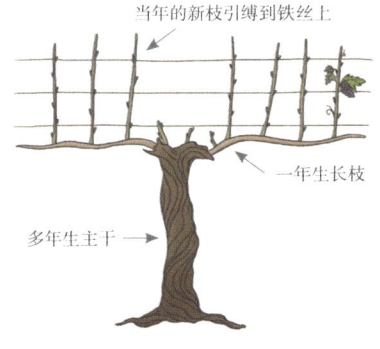

双居由培型 + 长枝修剪

单居由培型 + 长枝修剪

【高登短枝修剪】

高登（Cordon）培型的葡萄树是一根主干上分出一根或多根水平方向的多年生主蔓，每根主蔓上有 4~10 个短枝，每个短枝上保留 2~3 个芽眼。

☺ 优点：
01 易修剪，方便机械化操作，大幅降低人工劳动成本
02 芽眼的抗霜冻能力更强
03 顶端优势得到削弱

☹ 缺点：
01 某些品种靠近主干的芽眼坐果能力低下甚至无法结出果实，导致总产量降低
02 新生枝条容易过分拥挤，提高染病风险
03 反常气候可能导致坐果过多，影响品质

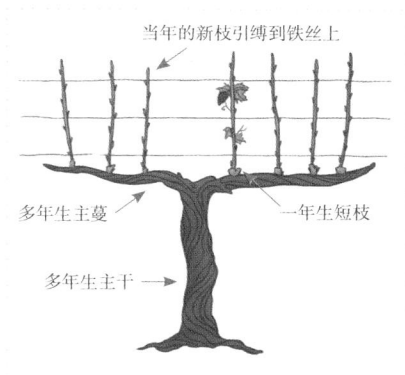

高登培型 + 短枝修剪

三、种植密度与产量

当养分、水分、光照以及热量供给都充足时,葡萄树的枝叶生长会非常旺盛,但果实的质量与数量都会降低。如果生长环境出现不利条件,葡萄树反而会将有限的资源集中用于结果。正是因为如此,大部分酒庄选择将葡萄园建在土壤适当贫瘠、水分适当缺乏的地方,并采用合理密植的方式加强葡萄树之间的竞争。

如果葡萄园的选址自然环境优厚,那么高密度栽培也无法防止葡萄树徒长。针对这种情况,酒庄会选择低密度栽培,并在剪枝时保留更多的多年生枝条和芽眼,从而加强每棵葡萄树的内部竞争,达到控制新梢生长的目的。

总体来说,如何选择种植密度没有定式,更多的是因地制宜,在符合当地法规要求的同时,既最大程度保证葡萄果实的品质,又能提高规模效益。

四、采收

葡萄采收决定果实的最终品质。采下葡萄的那一刻,便给将要酿造的葡萄酒定下了基调,因此采收时机尤为重要,倘若选择不好,会让一年的努力付诸东流。如果葡萄采收过早,酿成的酒会出现过高的酸度、偏低的酒精度和明显的生青味;如果采收太晚,则会导致葡萄酒的酒精度偏高、酸度过低,且带有以炖煮水果等为主的气息,缺乏清爽感和活力。

采收时机的决定因素除了果实的糖分含量以外,还需综合考虑葡萄品种的自身特点、成品葡萄酒的风格、采收期间的天气状况等。准确的采收时机不仅是确定日期,还包括选择一天中最佳的采收时刻。

比如在炎热的产区，酒农会选择凉爽的清晨或傍晚开始采摘，避开暴晒和高温时段，获得更加新鲜健康的葡萄。

葡萄采收分为机械和人工两种方式。机械采收成本低且效率高，通过摇动葡萄树在短时间内快速收获大量葡萄，避免葡萄在进入酿造环节之前因为采收周期过长而氧化变质，但缺点是容易使葡萄破损，也有可能损伤葡萄树。人工采收需要大量人力，成本较高且效率较低，但其优点在于手工操作能极大程度地减少果实的损伤。有些产区对酿造环节之前的葡萄完整性有严格的要求，例如法国香槟，人工采收是唯一的选择。

第四节　葡萄园四季（北半球）

【冬天】

葡萄树需要冬眠，足够低的温度才能保证葡萄树得到充分的休息，为来年的复苏储存能量，但过低的温度则可能杀死嫩芽（芽眼）甚至葡萄树。

一般来说，葡萄叶在12月自然落光，果农便开始冬天中最重要的工作——剪枝。上一个生长周期所生的枝条大部分都要剪去，保留下来的长短枝也需要修剪，确定留下的芽眼的位置和数量，这将直接影响来年新枝的生长方向以及葡萄的产量。剪枝是一项十分考验体力和经验的工作，需要消耗大量劳动力。

剪枝通常于2月结束。剪下的枝条经过粉碎或焚烧后还田，作为天然肥料。

【春天】

进入3月,果农会耕地松土,以便土壤中微生物和葡萄根部的生命活动。同时,果农会在发芽前巩固培型,以便新枝能够顺着固定的方向生长。

4月,日均气温超过10℃时,葡萄树就开始发芽了。这时要特别留意突然降温造成的霜冻,若防范不到位,会严重降低葡萄的产量。

5月,葡萄树抽出新枝并快速生长,此时需要将这些枝条定梢,避免相互遮挡,增加光照、促进空气流通。根据产区和葡萄树培型的不同,引缚方式也有所不同。

【夏天】

6月,葡萄树进入花期,需要充足的光照、适宜的温度以及干燥的环境。人工栽培的葡萄品种都是自花授粉,昆虫和风雨对授粉率并无影响,但大风和强降雨会造成落花,导致坐果减少。

6~7月成功授粉的花会长成幼嫩的绿色果粒,并迅速膨大。如果坐果率较高,为保证最终果实的品质,一些酒庄会进行疏果(Green Harvest),即提前剪掉一些果穗,让葡萄树将有限的养分和能量集中供给剩下的果穗,通过降低产量来保证质量。

7~8月,葡萄进入转色期(Véraison):白葡萄的果实从不透明的绿色逐渐变为半透明的金黄色;红葡萄的果实从绿色逐渐变为红色,最后变为深紫色。转色期间,葡萄的糖分快速积累,酸度逐渐下降,酚类物质(单宁和色素)慢慢生成,直接决定了葡萄的最终品质。

【秋天】

9~10月是万众期待的采收期。为了精确地定下最佳采摘日期,酒农会多次进入葡萄园品尝葡萄,并使用仪器分析葡萄的主成分含量。

葡萄的最佳成熟时机稍纵即逝,若不迅速采摘,果实就会过度成熟,导致酿造的葡萄酒风格松垮无力。

11月,采收季结束,树叶开始变黄,逐渐掉落,葡萄树便准备进入休眠期了。

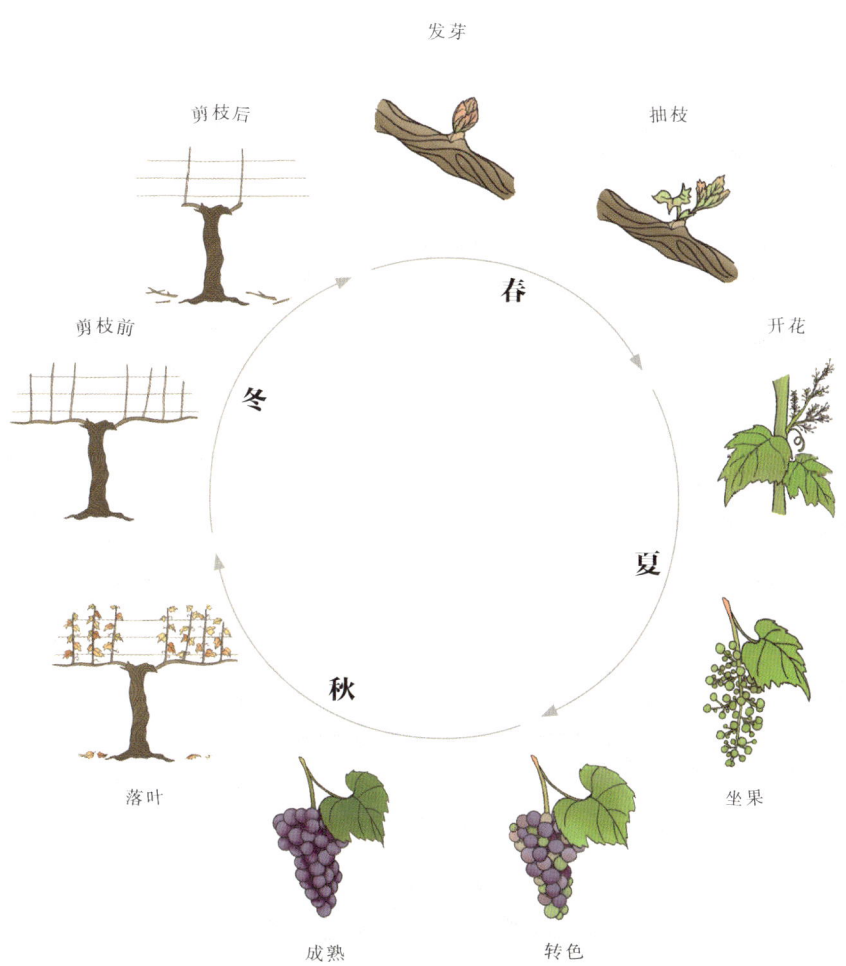

课后练习

1. 将以下葡萄酒的风味与其相应的葡萄果实部分连线：

   酸　　　　葡萄籽

   甜　　　　果肉

   苦　　　　葡萄梗

   涩　　　　葡萄皮

   酒精

   果香

   颜色

2. 尝试描述一个你想象中拥有完美自然环境的葡萄产区。

第二章

葡萄酒酿造

在一定程度上，葡萄质量决定葡萄酒的品质上限，而酿酒技术决定葡萄酒的品质下限。优质的原料是酿造伟大葡萄酒的前提，而恰当的酿酒工艺既能将风土的魅力准确展现于酒杯中，也能遮掩和修饰一部分自然原因所致的葡萄酒缺陷。

为了方便理解葡萄酒酿造的基本理论和步骤，我们将其分为发酵前、发酵中和发酵后三大阶段。

第一节　发酵前

一、白葡萄酒

【降温】

当采收的葡萄运送到酒庄之后，通常会经过降温处理。低温能有效抑制各种酶的活动，防止氧化，也防止白葡萄酒的"灵魂"——酸被分解。如果是在炎热的产区，葡萄甚至会冷藏数小时，降温后再进行后续工艺。

【除梗】

大部分白葡萄在压榨前都会除梗,因为葡萄梗中的单宁会在压榨时浸出,可能给白葡萄酒带来令人不悦的苦涩感。

【冷浸渍】

根据不同葡萄品种的特点,酿酒师会决定是否采取冷浸渍处理,即在较低的温度下让葡萄汁浸泡葡萄皮。在冷浸渍的过程中,葡萄皮里的风味物质会释放到葡萄汁中。

一些芳香品种,如雷司令、长相思等,在酿造过程中通常会为了避免氧化,很少进行冷浸渍。

相反,一些中性品种如霞多丽,则多会采用冷浸渍工艺,来增加葡萄汁中的香气物质。

【压榨】

压榨对于白葡萄酒的酿造至关重要。如今大部分酒庄采用气囊压榨机,借由机器内部膨胀的气囊进行轻柔压榨。一些先进的气囊压榨机甚至可以用惰性气体预充压榨机内部,让葡萄汁与氧气完全隔离。

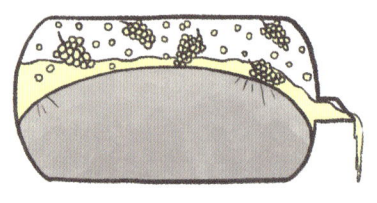

气囊压榨机

二、红葡萄酒

【降温】

在一些炎热的产区或炎热的年份,红葡萄也会在发酵前进行降温处理。此外,在凉爽的清晨或晚上采摘也可以有效避免葡萄过热。

【除梗】

依据葡萄品种、成酒风格以及葡萄梗的成熟度，酿酒师会选择在发酵前进行完全除梗、部分除梗或完全保留葡萄梗。葡萄梗参与发酵能够增加红葡萄酒的结构感，增添清爽的植物气息。

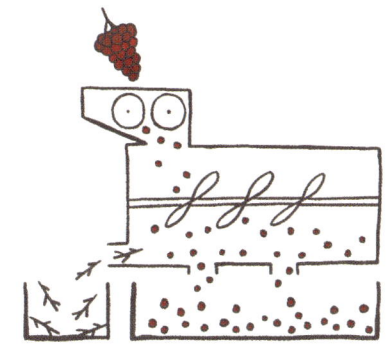

除梗 & 破皮

【破皮】

在完成除梗后，通常会将葡萄破皮，目的是为了使葡萄皮中的风味物质在后续的浸皮工艺中更加充分地释放，但要避免破坏葡萄籽。

【浸皮】

破皮后，葡萄皮会与自流汁（未经人工压榨而自然流出的葡萄汁）一起浸泡。红葡萄酒的浸皮一般与发酵同时进行，葡萄汁从葡萄皮里萃取色素、单宁和风味物质。有时也会在启动发酵前先进行冷浸渍。发酵结束后，也可以延长葡萄皮与葡萄酒的接触时间。浸皮的时机和温度根据成酒风格不同而有所差别。

第二节　发酵中

一、酒精发酵

酒精发酵是葡萄酒酿造过程中最重要的转变，其原理可简化如下。

$$\text{糖} \xrightarrow{\text{酵母}} \text{酒精} + \text{二氧化碳} + \text{热量}$$

酒精发酵的容器有多种选择，如大型橡木罐、混凝土罐、不锈钢罐、小型橡木桶等。每种容器都有各自的特点，酿酒师可依据所酿葡萄酒的风格去选择。

葡萄表皮天然附着野生的酵母菌，无需额外添加酵母即可发酵，但大部分酒庄会添加人工选育的酵母，以保证发酵高效可控。酵母适宜的生长温度是 22~30℃。如果温度太低（<13℃），发酵会变慢甚至停滞；而过高的温度（>35℃）会导致酵母死亡，使酒精发酵完全终止。由于酒精发酵过程中会散发热量，使发酵罐整体温度升高，所以温度控制非常重要。通常，酒庄会采用带有冷却媒介的发酵设备，实现对发酵温度的控制。

在酒精发酵中，生成 1%vol 酒精大约需要消耗 17~18 g/L 的糖，以酿造酒精度 12%vol 的葡萄酒为例，葡萄汁中的糖含量需要达到 204~216 g/L。一般干白和干红的酒精发酵会持续到所有糖分全部转化成酒精为止（残糖含量小于 2 g/L）。不过，16%vol 的酒精含量是一般酵母存活的最大极限，此时如果还有糖，则会保留下来，形成甜酒。甜酒的酿造就是利用高甜的葡萄汁，或在发酵过程中施加人工干预（加入二氧化硫、降温、过滤酵母、加入高度酒精等）终止发酵，使一部分糖保留下来。

白葡萄酒与红葡萄酒的发酵原理虽然相同，但有一个重要区别：白葡萄酒通常是清汁发酵，完全不带皮渣；而红葡萄酒通常会在酒精发酵全程带皮渣，以萃取葡萄皮中的色素、单宁和风味物质。桃红葡萄酒则是在红葡萄酒发酵途中进行皮汁分离，缩短浸皮时间，从而减少色素，几乎不浸出单宁。

对于红葡萄酒而言，为了更好地萃取单宁、色素和风味物质，通常还要进行特别的工序：压帽和/或淋皮。悬浮于酒液表面的皮渣称为"酒帽"，顾名思义，压帽就是将皮渣下压回酒液，让酒液和果皮能够充分接触。压帽的方式多种多样：传统的压帽方式是人工脚踩或使用工具手工下压，也称为"踩皮"；如今很多现代化酒庄都采用机器压帽。淋皮即从发酵罐下部抽取葡萄汁，然后泵送循环到发酵罐顶部，喷淋酒帽。

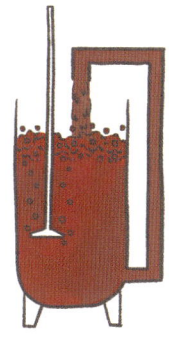

压帽和淋皮

二、苹果酸 - 乳酸发酵

酒精发酵完成后，葡萄酒一般会自发地进行苹果酸 - 乳酸发酵，其基本原理如下。

$$苹果酸 \xrightarrow{乳酸菌} 乳酸 + 二氧化碳$$

由于乳酸的酸味比苹果酸弱很多，但酸性很强，且稳定性更高，所以苹果酸 - 乳酸发酵既能降低葡萄酒的酸度，又能增加其稳定性。此过程还能为葡萄酒带来黄油的气息，增加风味的复杂度。

几乎所有的红葡萄酒都会进行苹果酸 - 乳酸发酵，但白葡萄酒则非如此。有些白葡萄酒追求清爽的口感或纯净的一类香气，所以会选择略过这一步骤而特意保留尖锐的苹果酸。

第三节 发酵后

对大多数葡萄酒而言，发酵结束后经过短暂的存放（通常在大型不锈钢罐等惰性容器中），就可以迅速装瓶上市了。但有些葡萄酒在发酵结束后，还会继续进行橡木桶熟化的环节。

一、熟化

葡萄酒熟化可以在橡木桶、不锈钢罐、混凝土罐、陶罐等不同材质的容器中进行，而就可陈年的高品质葡萄酒而言，最常用的是橡木桶。

橡木桶因其防水与易搬运的特性，最初用以存放和运输葡萄酒，而人们也因此逐渐发现，橡木桶本身能够改善葡萄酒的口感，带来更加复杂的风味，这也正是如今进行橡木桶熟化的主要目的。

除此之外，由于橡木的木质结构具有透氧性，微量的氧气能够透过桶壁进入酒液，使葡萄酒经历微氧化，从而使酒的结构更稳定、单宁更圆润，同时也让新鲜的水果香气逐渐酝酿成为丰富多变的成熟酒香。

经过橡木桶熟化的红葡萄酒颜色会变浅；相反，白葡萄酒则会因此加深颜色。二者的色调都会变暖。

优质红葡萄酒在橡木桶中的熟化时间一般比较长，通常为12~18个月。白葡萄酒的熟化时间则相对较短。

二、带酒泥熟化

酒泥主要由发酵后酵母自溶分解的沉淀组成。酒泥能提升葡萄酒口感的圆润度，并增加类似面包的酵母香气，也能在一定程度上抑制葡萄酒氧化。

三、下胶、稳定、装瓶

下胶是葡萄酒装瓶之前的一道工序,是对酒液进行澄清的一种方式。在发酵完成后,虽然已经除去了果皮和果籽等酒渣,但是酒液里仍存在大量的悬浮物。为了获得澄清和稳定的酒液,通常在装瓶前会使用明胶或蛋清等下胶剂来使这些悬浮物聚沉,然后可以过滤去除。

下胶澄清完成后,即可以开始进行酒石酸稳定处理,通过降温让酒液中多余的酒石酸提前析出,以免装瓶后的成酒出现明显的酒石酸沉淀。

由于葡萄酒在以上工序中会损失少许风味,所以有些酒庄亦会选择略过这些步骤。

葡萄酒经澄清稳定后即可装瓶保存。

【白葡萄酒酿造工艺流程】

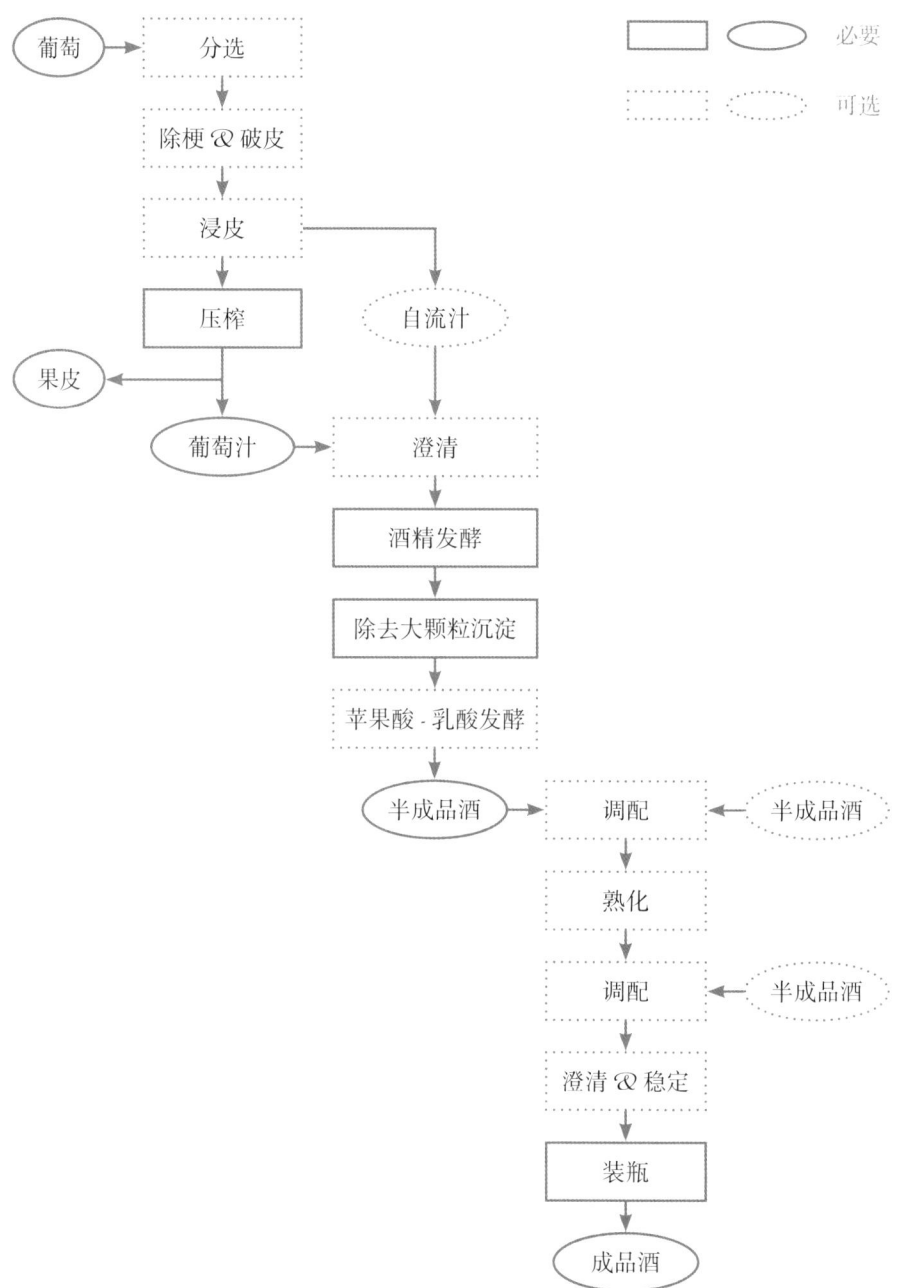

【红葡萄酒酿造工艺流程】

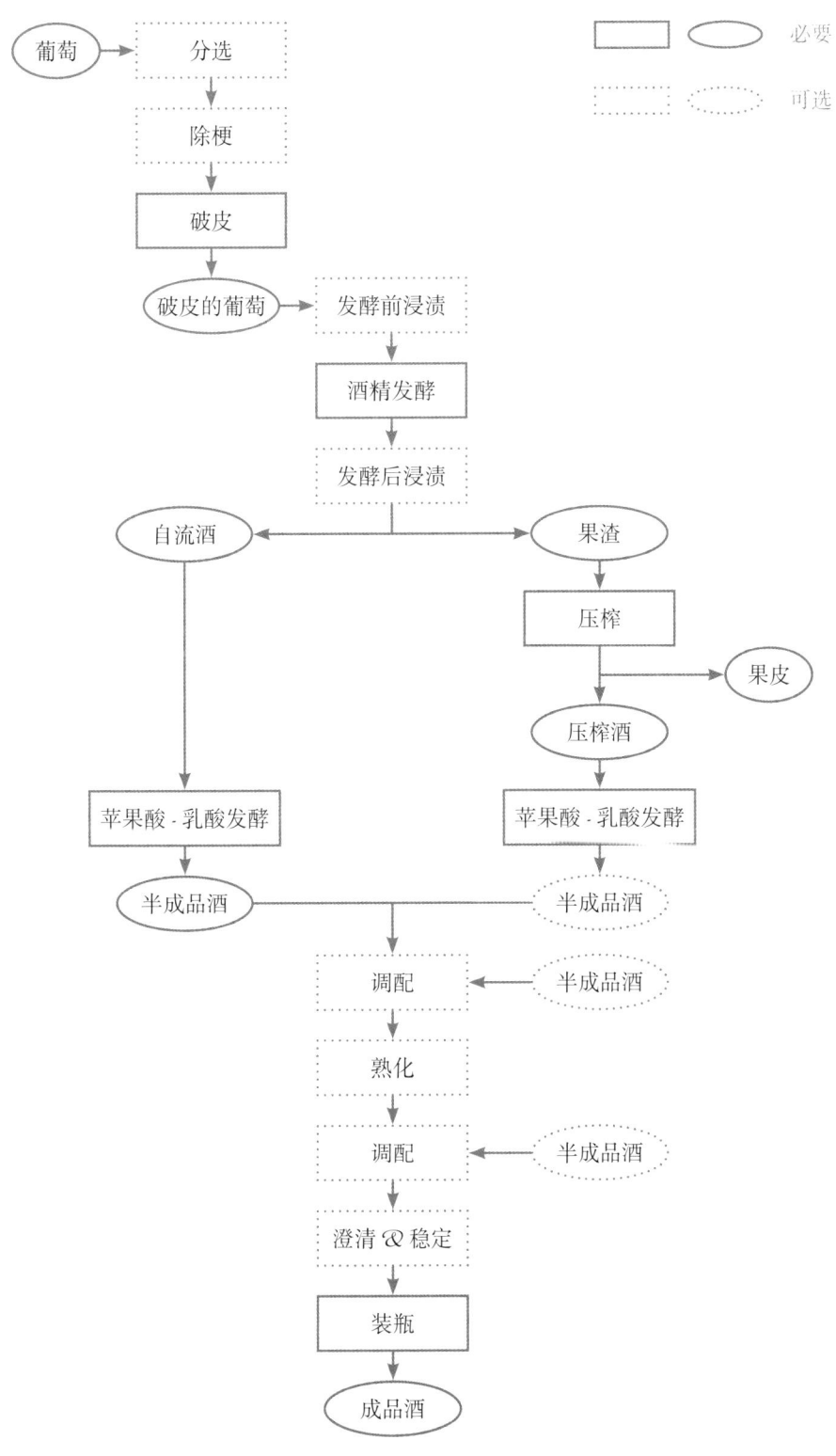

课后练习

酿造红葡萄酒与白葡萄酒有何不同？

第三章

常见白葡萄品种

我们在种植和酿造章节所学到的知识可以概括为以下两个重点。

01　葡萄果粒的构造，以及各部分在酿酒过程中发挥的不同作用。

02　葡萄品种是成酒风格的先决因素，而不同的种植环境和酿造技术则是影响成酒风格的重要因素。

牢记这两个重点对葡萄品种的学习至关重要。

在餐厅里，对于一款日常葡萄酒（杯卖酒、主推酒款等），侍酒师向客人进行介绍时最重要的信息就是葡萄品种，对葡萄品种风味的准确描述将在很大程度上影响客人的选择。因此，对于本书所介绍的葡萄品种，特别是经典品种，其典型风味要牢记于心。

第一节　经典白葡萄品种

一、霞多丽　Chardonnay

霞多丽原产于法国勃艮第，如今几乎在全世界任何一个产区都能找到。霞多丽的可塑性之强，犹如橡皮泥，在各式各样的环境中都能出产极其优质的葡萄酒，且风格千变万化。品种本身中性的香气加上多样的风格，使得霞多丽更易于被大多数消费者所接受，也给餐酒搭配提供了丰富的选择。

霞多丽对气候和土壤的要求并不严格。在冷凉气候下，霞多丽表现出绿色水果和柑橘类水果的香气，酒体纤细；而炎热气候下则是热带水果的香气，酒体更加饱满。有人认为霞多丽的风格就是"清瘦"和"肥美"两种类型，非此即彼。其实不然，不同的风土特征及酿造手法能够打造出千面的霞多丽葡萄酒。

霞多丽本身中性的香气意味着酿酒师拥有广阔的发挥空间，从众多的酿造手法中进行挑选和组合，来决定葡萄酒最终展现的风格。

冷凉气候下生长的霞多丽，一般在不锈钢罐中发酵，紧接着快速装瓶以保留其清新的果香和细腻的酸度。这样的霞多丽也常用于酿造起泡酒，带给消费者清爽的体验。温和气候下生长的霞多丽，果香更为成熟，若经过橡木桶熟化，能够增添更多酒体和香气。炎热气候下生长的霞多丽所酿造的葡萄酒，酒精度较高，酸度较低，整体更显丰腴。

大多数霞多丽会经过苹果酸-乳酸发酵，增加类似黄油的香气。带酒泥熟化也是常见的处理方式，赋予更加圆润的口感和酵母气息。

许多霞多丽都是单一品种酿造，但有时也会与其他葡萄品种混酿，如维欧尼、赛美蓉等。在香槟产区，霞多丽通常与黑皮诺、莫尼耶（Meunier）一起混酿。

【法国】

勃艮第 Bourgogne

作为霞多丽的故乡，勃艮第一直代表着霞多丽葡萄酒的最高水准，也被绝大多数霞多丽产区视为标杆。大多数勃艮第霞多丽是大区级别，酿造时基本上不经过橡木桶，香气和口感都偏中性。除此之外，勃艮第霞多丽还有以下三种代表风格。

01 夏布利（Chablis）：作为勃艮第最北边的产区，夏布利霞多丽以其绿色水果的香气、爽口的高酸度、轻盈的酒体和突出的矿物香气而著称，特别适合搭配海鲜及蔬菜。大部分夏布利霞多丽应在出厂后尽快饮用，以充分享受新鲜的口感；部分夏布利一级园和特级园葡萄酒经过橡木桶发酵和熟化，酒体更加厚重，香气更加复杂，陈年潜力惊人。

02 伯恩丘（Côte de Beaune）：此地出产全世界最顶级的霞多丽葡萄酒，尤其是特级园霞多丽，经过橡木桶发酵和带酒泥熟化，其香气和口感之复杂度无与伦比。

03 勃艮第南部：气候相对更加温暖，出产的霞多丽也就更加饱满圆润，酸度较低，而且价格更加亲民，适合日常配餐饮用。

香槟 Champagne

就适宜葡萄种植的气候范围而言，香槟处于冷凉临界地带，霞多丽在此地难以完全成熟，因此几乎全部用于酿造低酒精度、高酸度的起泡酒。由于霞多丽本身香气中性，非常适合此地传统的起泡酒酿造手法——长时间带酒泥陈酿，从而获得独特的奶油、饼干、烤面包、坚果类香气。

【美国】

加利福尼亚 California

加利福尼亚（以下简称加州）霞多丽以其高成熟度、高酒精度、饱满酒体、低酸度、浓郁橡木味的风格，一度席卷全球。但近年来，此地越来越多的酒庄开始回归到更加优雅的风格，甚至达到了可与顶级勃艮第相媲美的水准，其中以索诺玛郡（Sonoma County）最为突出。

加州许多地方也用霞多丽酿造香槟风格的起泡酒。

【澳大利亚】

澳大利亚出产多种风格的霞多丽葡萄酒，尤其在一些相对凉爽的产区品质最高，如玛格丽特河（Margaret River）、阿德莱德山区（Adelaide Hills）和维多利亚州的南部地区。

塔斯马尼亚（Tasmania）作为澳大利亚最南部的产区，出产一些酸度极佳的起泡酒。

霞多丽 Chardonnay

| 新鲜 | 青柠檬 | 黄柠檬 | 西柚 | 苹果 | 梨 | 油桃 | 香蕉 | 菠萝 | 洋槐花 |

| 橡木 | 烟熏 | 香草 | 烤面包 | 榛子 | 杏仁 | 黄油* |

| 陈年 | 蜂蜜 | 坚果 |

酸度　　低 ——————————————— 高
酒体　　轻 ——————————————— 重
陈年潜力　弱 ——————————————— 强

代表产区　［法国］勃艮第、香槟

　　　　　［澳大利亚］玛格丽特河、阿德莱德山区

　　　　　［美国］索诺玛郡

　　　　　［智利］卡萨布兰卡

* 主要由苹果酸-乳酸发酵产生。

二、长相思　Sauvignon Blanc

如果有客人表示自己闻不出葡萄酒的香气，或是觉得所有葡萄酒都是一个味道，这时你大可送出一杯长相思：浓郁芬芳的香气和清爽活泼的酸度一定会给人留下深刻的印象。

长相思源自法国（具体是卢瓦尔河谷还是西南产区尚有争议），尽管种植历史长达几百年，但过去并未得到当地人的重视。直到20世纪90年代，新西兰马尔堡的长相思取得成功，这个葡萄品种才开始风靡全球。

在形容葡萄酒香气的时候，"浓郁"和"复杂"这两个词常常形影不离。然而，长相思打破了这一"套路"，因为绝大多数情况下，它的香气虽然浓郁，却并不复杂。可能正是因为这样直率的风格，长相思迅速赢得了一大批拥趸。

气候是影响长相思风格和品质的重要因素。尽管在温暖的产区也能酿造长相思，但冷凉气候才适合出产香气浓郁、口感清爽的酒款。

土壤也能影响长相思的风格。总体来说，贫瘠且排水性良好的土壤能够更好地抑制长相思多产的天性。如果想要酿造带有橡木味的风格厚重的长相思，严格控制产量至关重要。

在许多消费者的印象中，长相思的风格似乎较为单一，其实酿造过程中有很多选择可以造就不同。短暂带皮浸渍能增加风味，较低的发酵温度能凸显热带水果的香气（百香果、菠萝等），橡木桶发酵能赋予其更多香料气息和更饱满的酒体，带酒泥熟化能使其口感更加圆润。

【法国】

卢瓦尔河谷 Loire Valley

长相思是卢瓦尔河谷产区东部的主要白葡萄品种，桑塞尔（Sancerre）和布衣-富美（Pouilly-Fumé）是本区最著名的两个长相思子产区。尽管酒标并不写明葡萄品种，消费者对桑塞尔和布衣-富美这两个名字的认知度依然很高，使得这两个子产区的长相思价格高于本产区的其他子产区。标志性的矿物风味（燧石）是这两个子产区的长相思区别于其他地方的重要特征，尤其是布衣-富美。

波尔多 Bordeaux

长相思的种植面积近年来不断增长（占波尔多所有白葡萄品种的45%），几乎快要追平曾经遥遥领先的赛美蓉。在这个以混酿为主的"国度"，不少白葡萄酒却是长相思单一品种酿造。

不过，品质更高的酒款常与赛美蓉一起混酿：长相思提供香气和酸度，赛美蓉贡献酒体。此类葡萄酒最著名的产区均位于波尔多左岸，包括格拉夫（Graves）、佩萨克-雷奥良（Pessac-Léognan）（波尔多唯一对干型白葡萄酒进行列级的产区）和苏玳（Sauternes）。

佩萨克-雷奥良的顶级长相思都经过橡木桶发酵和熟化，香气丰富、酒体饱满，拥有强大的陈年潜力，宣告着波尔多白葡萄酒也可以跻身世界顶级之列。

【新西兰】

长相思正是通过新西兰马尔堡（Marlborough）才得以正名。马尔堡的气候湿润却阳光充足，加上发酵时采取较低的温度，此地酿造的长相思葡萄酒往往比卢瓦尔河谷拥有更加突出的热带水果香气。

总体而言，新西兰的白葡萄酒以纯净清爽的风格著称，长相思也不例外，因此大多不会经过橡木桶熟化。虽然新西兰长相思的均价较高，但一般不宜陈年，应尽快饮用，以享受其新鲜浓郁的香气。

【其他地区】

美国加州最著名的长相思风格因谐音被戏称为"白富美（Fumé Blanc）"，一般指经过橡木影响且酒体饱满的长相思。

南非近年来也成为高品质长相思的产地，特别是著名的康斯坦提亚（Constantia）和埃尔金（Elgin）产区。

长相思 Sauvignon Blanc

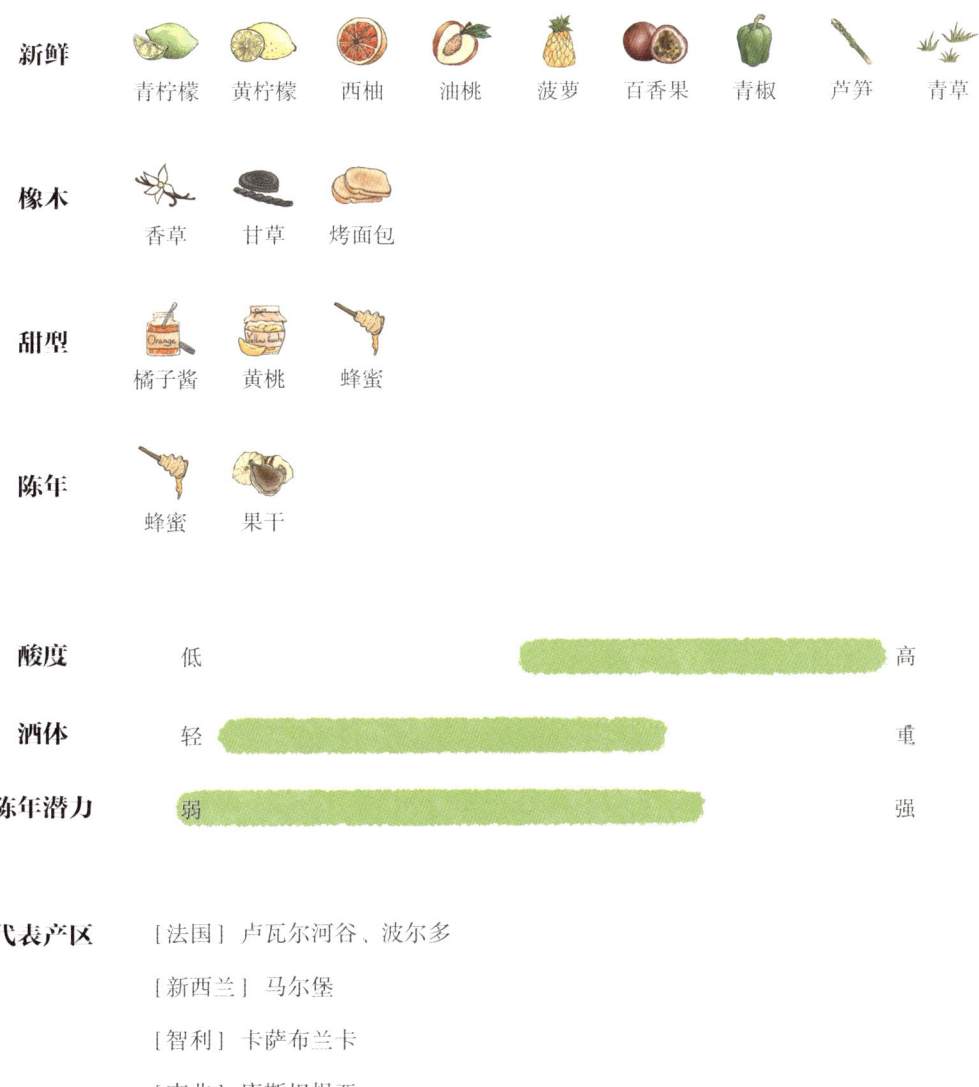

新鲜	青柠檬　黄柠檬　西柚　油桃　菠萝　百香果　青椒　芦笋　青草	
橡木	香草　甘草　烤面包	
甜型	橘子酱　黄桃　蜂蜜	
陈年	蜂蜜　果干	

酸度 低　————————————————　高

酒体 轻　————————————————　重

陈年潜力 弱　————————————————　强

代表产区　［法国］卢瓦尔河谷、波尔多

　　　　　　　［新西兰］马尔堡

　　　　　　　［智利］卡萨布兰卡

　　　　　　　［南非］康斯坦提亚

三、赛美蓉　Sémillon

赛美蓉起源于法国波尔多，由于产量高且抵御病虫害的能力较强，曾在世界许多产区占有重要地位。随着霞多丽的崛起以及蒸馏酒（特别是低价蒸馏酒）需求的下降，赛美蓉的种植面积已经大不如前。但在一些特定产区，如法国波尔多和澳大利亚猎人谷，赛美蓉则是顶级白葡萄酒的主要组成品种。

赛美蓉发芽较晚但成熟较早，对许多病虫害有较强的抵抗力，但在特定环境下却容易感染贵腐，是一个十分适合酿造贵腐酒的品种。由于天生酸度较低，赛美蓉更适合在相对温和凉爽的地区生长。贫瘠且排水性良好的土壤能够更好地控制其高产的特性。

赛美蓉葡萄酒在年轻时香气并不突出，但陈年后会展现出宛如经过橡木影响的风味，因此常与长相思一起混酿：前者贡献酒体及独特的油脂感，后者提供香气和酸度。橡木桶发酵和熟化是常见的酿造手法，特别是赛美蓉作为主导品种时。波尔多的格拉夫出产世界级的长相思-赛美蓉混酿，使用橡木桶发酵并带酒泥熟化是此地白葡萄酒出类拔萃的秘诀。无橡木影响的赛美蓉也不罕见，其中最著名的是澳大利亚猎人谷（Hunter Valley）的赛美蓉单一品种葡萄酒，酒精度较低，年轻时呈现柑橘果味，口感酸爽，全靠瓶中陈年发展出椰子、蜂蜜等香气。

赛美蓉非常适合酿造甜酒，如闻名于世的波尔多苏玳（Sauternes）贵腐酒。"个性"并不突出的赛美蓉经过贵腐侵染后，酿造的葡萄酒会变得香气复杂且口感厚重。

【法国】

佩萨克-雷奥良　Pessac-Léognan

波尔多最佳干白葡萄酒的代表便是佩萨克-雷奥良。尽管赛美蓉在混酿中的比例往往低于长相思，但它酒体厚重又亲和橡木，因此在绝大多数顶级干白中都扮演着重要的角色。赛美蓉的杏子、芒果和坚果香气搭配长相思青草般的清新风味，再加上橡木桶带来的烘焙和香料气息，以及带酒泥熟化赋予的酵母香气，让佩萨克-雷奥良的白葡萄酒表现出极佳的复杂度和很强的陈年潜力。

苏玳　Sauternes　&　巴尔萨克　Barsac

在这片适合贵腐生成的"乐土"上，赛美蓉的重要性更加凸显。贵腐的影响不仅能使葡萄的酸度与糖分大大浓缩，同时还增添了更多复杂的香气。

此地有个别顶级酒庄酿造罕见的100%赛美蓉甜酒。

【澳大利亚】

猎人谷　Hunter Valley

猎人谷的气候环境让当地人选择了独特的种植酿造方式，孕育出了独一无二的赛美蓉。在温暖多雨的天气下，赛美蓉会提前采收，由此酿成的葡萄酒拥有很高的酸度和很低的酒精度（10%～11%vol），年轻时香气平淡，陈年后却可以发展出蜂蜜、坚果、蜜饯和焦糖等复杂的气息，与橡木桶熟化带来的香气十分相似，但在酿造过程中实际上从未与橡木接触过。

赛美蓉 Sémillon

新鲜	黄柠檬	橘子皮	梨	杏	芒果	洋槐花
橡木	烟熏	香草	椰子	黄油*		
甜型	蜂蜜	橘子酱	蜂蜡	麦芽糖	黄桃	菠萝
陈年	蜂蜜	坚果				

酸度　低 ——————————— 高
酒体　轻 ——————————— 重
陈年潜力　弱 ——————————— 强

代表产区　［法国］波尔多
　　　　　［澳大利亚］猎人谷

* 主要由苹果酸-乳酸发酵产生。

四、雷司令　Riesling

德国雷司令在历史上曾备受追捧，价格甚至超越波尔多列级庄。然而，20世纪70～80年代德国葡萄酒产业转而青睐产量极高但品质较低的米勒-图高葡萄（Müller-Thurgau），遭遇了严重的名誉危机，一直持续到21世纪初。雷司令的种植和酿造受此影响，品质大不如前。由于德国是最重要的雷司令生产国，因此全世界的雷司令葡萄酒市场都遭到牵连。

虽然雷司令鲜明的个性使它难以像霞多丽一样博得广泛的喜爱，但它香气优雅、口感纯净、风格多变，又具有极佳的风土展现能力，在"最伟大的白葡萄品种"名单上始终占有一席之地。

雷司令需要在凉爽气候下生长才能保持优雅的酸度，而适宜的微气候以及较长的生长季是其完全成熟并发展出复杂香气的关键。雷司令的主要产区都位于比较冷凉的地方，如德国、奥地利、法国阿尔萨斯、加拿大安大略省等，其成熟的关键因素就在于能够反射光照及保存热量的水土条件。雷司令的葡萄藤天生木质坚硬，能够抵御这些地方冬季的严寒；此外，雷司令发芽较晚，减少了春季霜冻的威胁。

雷司令是一个善于反映风土特征的葡萄品种。一些经验丰富的葡萄酒爱好者在品鉴优质雷司令时，常能根据酒的某些特征推理出产区乃至土壤组成。

根据生长环境、成熟度和采收时间的不同，雷司令能够酿造各种类型及风格的葡萄酒，从干型到甜型，从静止到起泡，从花香清新、酒体轻盈到果香奔放、口感醇厚。

雷司令一般为单一品种酿造，且很少经过橡木桶熟化，因为橡木桶的气味容易掩盖雷司令本身清新优雅的花香和果香。在法国阿尔萨斯，传统的酿造手法是在巨大的旧橡木罐中发酵和熟化，提供适当微量氧气的同时又不会赋予葡萄酒任何橡木味。在德国大部分地方，雷司令则在不锈钢罐中发酵，严格控制温度，能够保留其良好的酸度和香气。

雷司令也用于酿造冰酒或贵腐酒，品种本身超高的酸度能够完美平衡这两类酒的甜味。由于天然浓缩导致产量极低，加上人力、物力和时间成本非常高，这些酒往往稀少而珍贵。

【德国 & 奥地利】

德国是全世界种植雷司令最多的国家，最著名的产区有摩泽尔（Mosel）、莱茵高（Rheingau）等。在这些地方，雷司令种于向阳的陡峭山坡上，紧靠河流。河水能反射阳光，而土壤中大量深色的板岩能储存热量，保证了雷司令在这些冷凉产区能够成熟。

虽然德国出产各种类型的雷司令，但最受欢迎的可能是花香浓郁、酒体轻盈的半干型葡萄酒。由于近代历史原因，德国葡萄酒整体价格不高，非常适合用于日常佐餐。

德国的邻国奥地利也出产高品质雷司令，其中干型较为常见。

【法国】

阿尔萨斯　Alsace

阿尔萨斯是充满德国风情的法国葡萄酒产区，也是法国少见的以白葡萄酒为主的产区。雷司令是此地最著名的葡萄品种。与德国相比，这里气候更温暖，光照更充足，环境更干燥，出产的雷司令酒精度更高，酒体更饱满，香气更成熟，花香较少，且干型葡萄酒更为常见。

【澳大利亚】

雷司令曾是澳大利亚种植面积最广的白葡萄品种,直到20世纪90年代才被霞多丽反超。尽管如今雷司令在澳大利亚仅占到很少的种植比例,但克莱尔谷(Clare Valley)和伊顿谷(Eden Valley)等气候凉爽的产区,仍然能酿造出教科书般的高品质雷司令。

雷司令 Riesling

新鲜	青柠檬 黄柠檬 橘子皮 苹果 油桃 芒果 洋槐花 燧石	
甜型	橘子酱 黄桃 蜂蜜 杏仁	
陈年	煤油 蜂蜜 果干	

酸度　低 ———————————————— 高
酒体　轻 ———————————————— 重
陈年潜力　弱 ———————————————— 强

代表产区　[法国] 阿尔萨斯
　　　　　[德国] 大部分产区
　　　　　[澳大利亚] 伊顿谷、克莱尔谷

五、白诗南 Chenin Blanc

与其他经典白葡萄品种相比,白诗南的知名度在世界范围内不算太高。除了原产地法国卢瓦尔河谷,以及种植面积最大的南非,白诗南的名字很难与其他产区联系在一起。

其实,白诗南能够驾驭多种类型的葡萄酒,从极干到极甜皆可。也许白诗南永远不会像霞多丽一样遍地开花,但即便种植范围非常有限,它所展现的多样性也能为我们提供丰富的配餐选择。

白诗南能够适应多种气候,从凉爽的卢瓦尔河谷到炎热的朗格多克,都能保证较高的品质。天生的高酸度是白诗南的重要标志之一,即便在较温暖的气候下也不会丢失。在不同的土壤条件下,白诗南能清晰地展现不同的风格,但严格控制产量才是酿造高品质葡萄酒的关键。

卢瓦尔河谷代表了白诗南最传统的风格,往往采用较高的发酵温度(16~20℃)和较低的新橡木桶比例(一些地方采用部分栗木和槐木)。新世界产区则偏爱较低的发酵温度(生成更多热带水果的香气)和较高的新橡木桶比例(更多香料味)。一些酒庄会进行苹果酸-乳酸发酵,降低白诗南天生的高酸度,并增加圆润的口感。带酒泥熟化也是常见的增加圆润感的方式。

【法国】

卢瓦尔河谷 Loire Valley

卢瓦尔河谷产区横跨大半个法国,从西到东拥有不同的气候和土壤类型,出产不同风格的白诗南。

最好的干型白诗南来自萨韦涅尔（Savennières）。相比于安茹（Anjou）和索米尔（Saumur）简单易饮的风格，萨韦涅尔的白诗南酒体更饱满，风味更复杂，拥有很强的陈年潜力。

甜型白诗南的著名产区包括莱昂丘（Coteau du Layon）、邦若（Bonnezeaux）和卡德肖姆（Quarts de Chaume），这些地方的自然条件非常适合贵腐生成。

武弗雷（Vouvray）则以半甜型白诗南而著称，同时也酿造简单的干型白诗南和起泡酒。

【南非】

在南非的葡萄种植总面积中，白诗南占据近20%的比例，传统上大部分用于制作白兰地，供当地消费。由于许多地方温度较高，且白诗南产量较大，酿造的葡萄酒大多简单易饮，如帕尔（Paarl）和伍斯特（Worcester）。

南非最著名的白葡萄酒之一来自老藤白诗南，如斯泰伦博斯（Stellenbosch）和黑地（Swartland）。由于老藤的产量较低，因此能够酿造风味复杂、口感浓郁集中的葡萄酒，且常常经过新橡木桶熟化，更增强了酒体，增添了香料气息。

白诗南　Chenin Blanc

新鲜	榅桲　青梅　黄柠檬　梨　苹果　芒果　菠萝　香蕉　洋槐花
橡木	烟熏　甘草
甜型	蜂蜜　蜂蜡　橘子酱　奶油
陈年	蜂蜜　果干

酸度　低 ——————————— 高
酒体　轻 ——————— 重
陈年潜力　弱 ——————————— 强

代表产区　[法国] 卢瓦尔河谷
　　　　　[南非] 大部分产区

六、麝香葡萄 Muscat

麝香葡萄很可能是现存最古老的葡萄品种。由于历史悠久,许多地方都有种植,用以酿造各种类型和风格的葡萄酒。

麝香葡萄的香气异常浓郁且极具辨识度,可能是唯一一个能从葡萄酒中明显闻到葡萄香气的品种,很容易吸引刚刚接触葡萄酒的消费者。但在如今霞多丽、长相思盛行的时代,大多数地方麝香葡萄的种植规模都不大,且种植面积正在逐年缩减。

其实,麝香葡萄是一个总称,目前包含超过 200 个品种,其中最重要的是小粒白麝香(Muscat Blanc à Petits Grains)、亚历山大麝香(Muscat of Alexandria)和奥托奈麝香(Muscat Ottonel)。

麝香葡萄需要较长的生长季,因此大多种植在气候温暖的地方,特别是地中海沿岸的法国南部、意大利南部、西班牙和希腊等。澳大利亚出产的麝香葡萄加强酒,亦来自炎热干燥的地区。但这个品种产量不稳定且酸度较低,需要辅以微气候的调整(如海拔、朝向等)和良好的田间管理,以保障果实的产量和质量。

麝香葡萄可以酿造各类葡萄酒:干型葡萄酒很少采用新橡木桶,避免遮掩葡萄本身浓郁的果香;甜型葡萄酒可采用晚收葡萄、风干葡萄或受贵腐侵染的葡萄。此外,麝香葡萄亦可用于酿造甜型加强酒和甜型起泡酒。

【法国】

阿尔萨斯 Alsace

麝香葡萄(大多是奥托奈麝香)作为阿尔萨斯四个"高贵葡萄品种

（Noble grapes）"之一，仅占阿尔萨斯葡萄种植面积的3%，既可酿造简单易饮的干型葡萄酒，也可酿造晚收甜酒和贵腐酒。

法国南部

法国南部以麝香葡萄作为主要原料之一酿造天然甜酒（Vin Doux Naturel），属于加强酒。天然甜酒在口感甜蜜的基础上，既有果香四溢的新鲜风格，也有长期熟化带来的陈年风格（Rancio），法国人一般用于搭配餐后甜点或餐后助消化。著名AOC包括麝香-博姆-沃尼斯（Muscat de Beaumes de Venise）和麝香-里韦萨特（Muscat de Rivesalts）等。

【意大利】

皮埃蒙特著名的阿斯蒂高泡酒（Asti）和莫斯卡托阿斯蒂低泡酒（Moscato d'Asti）是炎炎夏日里深受人们喜爱的饮品。这两种充满葡萄、玫瑰和白桃香气的甜型葡萄酒，不仅带有刺激食欲的气泡，而且酒精度很低（阿斯蒂：6%~8%vol，莫斯卡托阿斯蒂：4.5%~6.5%vol），是聚会、下午茶等场合的好选择。

在意大利南部地区及一些岛屿产区，采用风干葡萄酿造甜型麝香葡萄酒是历史悠久的传统。

【澳大利亚】

位于维多利亚州的路斯格兰（Rutherglen）和格林罗旺（Glenrowan），出产著名的氧化风格甜型麝香加强酒。长达数十年在旧橡木桶中的熟化过程，带给葡萄酒深邃的琥珀色和浓郁的咖啡、焦糖、无花果干及李子干等香气，甜度非常高。

【其他地区】

西班牙、葡萄牙、希腊、巴西以及南非的康斯坦提亚（Constantia）等地，也出产知名的麝香葡萄酒。

麝香葡萄 Muscat

新鲜 葡萄　橘子皮　油桃　玫瑰

新鲜甜型 蜂蜜　蜂蜡　橘子酱　葡萄干

陈年甜型 无花果干　李子干　坚果　咖啡　巧克力

酸度 低 —————————————— 高

酒体 轻 —————————————— 重

陈年潜力 弱 —————————————— 强

代表产区 ［法国］阿尔萨斯、南法

　　　　　　［意大利］皮埃蒙特

　　　　　　［南非］康斯坦提亚

　　　　　　［美国］加利福尼亚

　　　　　　［澳大利亚］路斯格兰、格林罗旺

七、琼瑶浆　Gewürztraminer

与麝香葡萄、维欧尼等芳香型品种一样，琼瑶浆拥有使人一"闻"定情的"魔力"。荔枝、玫瑰的香气以及与生俱来的香料气息，加上圆润饱满的酒体和较低的酸度，即使酿成干型葡萄酒也会给人以甜美的感觉，这种特质迷住了许多葡萄酒消费者。不过，琼瑶浆并未成为世界上任何一个产区的主要葡萄品种，既不像同为芳香型的长相思那般受人欢迎，也不像同等品质的霞多丽一样能够轻易卖出好价格。但毫无疑问的是，琼瑶浆很容易赢得初尝葡萄酒人群的青睐，且与许多食物（特别是辛辣食物）都可搭配。对于餐厅来说，酒单上若有一款不错的琼瑶浆，可以解决很多荐酒与配餐的问题。

琼瑶浆虽然被归为白葡萄品种，成熟的果粒却呈玫瑰红色，因此酿成的酒相较于大多数白葡萄酒颜色更偏金黄。充足的阳光、凉爽的天气和相对较低的降雨量，是琼瑶浆最佳的生长环境。在过于炎热的气候下，琼瑶浆会快速失去本就不高的酸度，而较高的成熟度会造就酒精度较高的葡萄酒，于是风格容易变得过于厚重而香腻。科学控制产量是保证琼瑶浆芬芳香气的必要因素。

大多数芳香型品种都更适合进行单一品种酿造，且不适合新橡木的影响，琼瑶浆也不例外。

除了干型葡萄酒之外，琼瑶浆也常用于酿造晚收甜酒和贵腐甜酒。

【法国】

阿尔萨斯 Alsace

琼瑶浆也位列阿尔萨斯四个"高贵葡萄品种（Noble grapes）"之一，既可以酿造简单易饮的干型葡萄酒，也可以酿造晚收甜酒和贵腐酒。许多初学者可能容易混淆琼瑶浆和麝香葡萄，其实二者除了香气不同外，琼瑶浆还常能达到14%vol以上的酒精度，随之而来的厚重酒体是麝香葡萄难以比拟的。

【其他地区】

与阿尔萨斯相比，紧邻的德国出产的琼瑶浆[特别是德国南部的法尔兹（Pfalz）、巴登（Baden）和莱茵黑森（Rheinhessen）]，表现出更多的果香和花香，而少一些香料气息。

奥地利、意大利、新西兰和美国加州也出产一些品质不错的琼瑶浆。

琼瑶浆 Gewürztraminer

新鲜 荔枝 菠萝 芒果 橘子皮 玫瑰 胡椒 香料

甜型 蜂蜜 橘子酱 果干 皮革 焦糖

酸度 低 ———————————— 高
酒体 轻 ———————————— 重
陈年潜力 弱 ———————————— 强

代表产区 ［法国］阿尔萨斯
［德国］法尔兹、巴登
［奥地利］布尔根兰
［意大利］上阿迪杰

第二节　主要白葡萄品种

一、灰皮诺　Pinot Gris

与琼瑶浆一样，灰皮诺虽然归为白葡萄品种，但果皮颜色偏玫瑰红或浅紫色，相较于其他白葡萄品种而言，酿造的葡萄酒颜色更偏金黄。

干型灰皮诺葡萄酒主要分为两种风格：一种以法国阿尔萨斯为代表，一般酒标标注"Pinot Gris"，酒精度较高，酒体较重，常有蜂蜜和奶油的香气，这种风格的灰皮诺常被当作过桶霞多丽的替代品；另一种以意大利东北部 [特伦蒂诺 - 上阿迪杰（Trentino-Alto Adige）、弗留利 - 威尼斯朱丽亚（Friuli-Venezia Giulia）、威尼托（Veneto）] 为代表，一般酒标标注"Pinot Grigio"，酒精度较低，酒体轻盈，酸度较高，香气以绿色水果为主。

成熟度较高的灰皮诺拥有高糖分，加之易受贵腐侵染，十分适合酿造晚收甜酒和贵腐甜酒。

顶级的阿尔萨斯灰皮诺贵腐酒，拥有很强的陈年潜力。而意大利简单轻盈的干型灰皮诺，则需要尽快饮用。

除此之外，德国 [巴登（Baden）、法尔兹（Pfalz）]、匈牙利、美国（加州、俄勒冈）、加拿大等地，都能找到优质的灰皮诺。

灰皮诺　Pinot Gris

新鲜	青柠檬　黄柠檬　苹果　梨　甜瓜　金银花　香料	
甜型	蜂蜜　香草　奶油	
陈年	蜂蜜　坚果	

酸度	低 ——————————————	高
酒体	轻 ——————————————	重
陈年潜力	弱 ——————	强

代表产区　[法国] 阿尔萨斯

　　　　　　[意大利] 上阿迪杰

二、白皮诺 Pinot Blanc

虽然同为皮诺家族的成员,白皮诺却远不如黑皮诺和灰皮诺常见。长久以来,人们一直容易混淆白皮诺和霞多丽,因其与凉爽产区的霞多丽很相似,香气清淡且酸度高。

在阿尔萨斯,白皮诺更多地用于酿造起泡酒(Crémant d'Alsace)。若酿造单一品种静止葡萄酒,则拥有柠檬、苹果、杏仁和白花的香气,酸度较高。陈年后能发展出近似灰皮诺的香气与口感,但远不及灰皮诺的香甜与丰腴。

德国的白皮诺被称为"Weissburgunder"或"Weisser Burgunder",有时会经过橡木桶熟化,增加酒体和香料气息。

意大利的白皮诺酒体轻盈,表现出更多的矿物香气。

总体来说,白皮诺香气较淡,酒体清爽,适合搭配一些不需要葡萄酒来提升滋味的食物,也可以用于抵消食物中的辛辣感和油腻感。

白皮诺 Pinot Blanc

新鲜 青柠檬　黄柠檬　苹果　白花

陈年 蜂蜜　杏仁

酸度 低 ——————— 高

酒体 轻 ——————— 重

陈年潜力 弱 ——————— 强

代表产区　[法国] 阿尔萨斯

[意大利] 上阿迪杰

[德国] 巴登

[奥地利] 布尔根兰

[美国] 加利福尼亚

三、维欧尼 Viognier

维欧尼拥有浓郁的桃子、杏等水果香气，口感圆润，是一个非常讨喜的葡萄品种，但其种植范围和面积却十分有限。北罗纳河谷的孔得里约（Condrieu）是最著名的产地，也仅有200公顷。有限的种植面积，加上产量非常不稳定，导致国际市场上高品质维欧尼葡萄酒的供给严重不足，价格颇高。直到法国南部，尤其是阿德榭（Ardèche）地区，开始酿造地理标识保护（IGP）的维欧尼，相对低价的维欧尼葡萄酒才开始出现。同时，一些新世界国家（美国、澳大利亚）也加入了维欧尼种植的队伍中。但整体而言，维欧尼的产量依旧很小，特别是酸度优雅、香气复杂的高品质维欧尼。

酿造优质维欧尼葡萄酒的关键在于既要发展出芬芳的香气，同时又要保持良好的酸度。一些维欧尼经过部分新橡木桶的熟化，增加了香草等甜香料气息，且酒体更加饱满。不过，若是过度使用新橡木桶，会掩盖维欧尼本身的果香。

在北罗纳河谷，人们常在西拉中加入小比例的维欧尼一起酿造红葡萄酒，为西拉增加芬芳的香气，并帮助固定红葡萄酒新鲜的颜色。

维欧尼　Viognier

新鲜　油桃　杏　甜瓜　橘子皮　茉莉　麝香　香料

酸度　低　　　　　　　　　　　　　高

酒体　轻　　　　　　　　　　　　　重

陈年潜力　弱　　　　　　　　　　　强

代表产区　［法国］孔德里约、罗纳河谷、法国南部

　　　　　　［美国］加利福尼亚

　　　　　　［澳大利亚］南澳州、维多利亚州

四、阿尔巴利诺 Albariño

阿尔巴利诺可能是伊比利亚半岛（西班牙、葡萄牙）最有个性且最具潜力的白葡萄品种，既能酿造酸度很高、酒体轻盈的葡萄酒，也能驾驭橡木桶熟化后酒体厚重、香气丰富浓郁的风格。

阿尔巴利诺抵抗炎热的能力较强。同时，厚实的果皮保证了它在相对潮湿的海边产区也不易生病。

西班牙下海湾（Rías Baixas）是阿尔巴利诺最具代表性的产区，芬芳的柑橘类水果香气，略带海洋气息的矿物感和咸鲜感，非常适合搭配各类海鲜。而成熟度较高的阿尔巴利诺，拥有较高的酒精度和较丰满的酒体，经过橡木桶熟化和带酒泥熟化后也能搭配一些白色酱汁的肉类食物。

在葡萄牙北部，阿尔巴利诺被称为"Alvarinho"，是酿造著名的绿酒（Vinho Verde）的主要品种。这种风格的葡萄酒酒精度很低，酒体十分轻薄，酸度极高。

阿尔巴利诺 Albariño

新鲜　青柠檬　黄柠檬　苹果　西柚　橘子皮　油桃　白花　矿物

橡木　烤面包　烤杏仁

陈年　蜂蜜　坚果

酸度　低　——————————————————　高
酒体　轻　——————————————　重
陈年潜力　弱　——————　强

代表产区　[西班牙] 下海湾
　　　　　[葡萄牙] 绿酒

五、玛珊 Marsanne & 瑚珊 Roussanne

玛珊和瑚珊是法国罗纳河谷的重要白葡萄品种，常常一起混酿。如果将这对组合与"赛美蓉-长相思"组合类比，那么玛珊就类似赛美蓉（提供酒体），而瑚珊更像长相思（提供香气和酸度）。如果更加精准地划定范围，北罗纳河谷的埃米塔日（Hermitage）、克罗兹-埃米塔日（Crozes-Hermitage）、圣约瑟夫（Saint-Joseph）和圣佩雷（Saint-Péray）等产区，最能展现玛珊和瑚珊的风格与品质。

尽管瑚珊被认为香气更佳、陈年潜力更强，但由于产量不稳定、抗病能力弱，反而是玛珊得到了更多酒庄的青睐，种植面积远超瑚珊。

不过，在南罗纳河谷最著名的教皇新堡（Châteauneuf-du-Pape），产区法规不允许采用玛珊，瑚珊则是当地 13 个法定葡萄品种之一。

在法国南部，玛珊的高产特性是其种植广泛的原因；另一方面，较低的酸度和相对平庸的香气又使玛珊常常与一些更加芳香的品种进行混酿，如在朗格多克与维欧尼一起混酿。近年来，随着种植与酿造技术的提升，玛珊的酸度和香气有所改善，即使单一品种酿造，也能出产品质颇高且个性突出的葡萄酒。

反观瑚珊，虽然产量不稳定，但拥有优雅的果香和花香，加上较高的酸度，能够酿造细腻且个性鲜明的葡萄酒。顶级的瑚珊也常经过橡木桶发酵和熟化，发展出更加复杂的香气和口感，具有很强的陈年潜力。

除了用于酿造干白葡萄酒，这两个葡萄品种在埃米塔日还用于酿造稀有的麦秆酒（Vin de Paille）：葡萄采收后置于麦秆上风干，浓缩后酿成甜酒。

玛珊 Marsanne

新鲜　橘子皮　苹果　杏　油桃　洋槐花　茉莉

橡木　榛子　烤面包　烤杏仁

陈年　蜂蜜　坚果

酸度　低　　　　　　　　　　　　　　　　高

酒体　轻　　　　　　　　　　　　　　　　重

陈年潜力　弱　　　　　　　　　　　　　　　强

代表产区　[法国] 罗纳河谷、法国南部
　　　　　　[美国] 加利福尼亚

瑚珊 Roussanne

新鲜 梨　杏　油桃　白花

橡木 榛子　烤面包　烤杏仁

陈年 蜂蜜　坚果

酸度 低 ——————————————— 高

酒体 轻 ——————————— 重

陈年潜力 弱 ————————— 强

代表产区 ［法国］罗纳河谷
　　　　　　［美国］加利福尼亚

课堂练习

1. 寒冷的冬季,如何选择一款白葡萄酒推荐给客人?

2. 餐厅里的霞多丽卖完了,如何向客人推荐一款可替代的白葡萄酒?

第四章
常见红葡萄品种

第一节　经典红葡萄品种

一、赤霞珠　Cabernet Sauvignon

赤霞珠"Cabernet Sauvignon"的名称便已透露了它的"父母"——品丽珠（Cabernet Franc）和长相思（Sauvignon Blanc）。虽然品丽珠和长相思的名气也不小，但青出于蓝而胜于蓝，赤霞珠是如今世界上种植面积最大的酿酒葡萄。

在一些新兴产区，种植赤霞珠的回报率往往要高于其他品种。消费者不仅已经习惯于世界各地不同的赤霞珠风格，也十分乐于尝试一款全新的赤霞珠葡萄酒。

许多地方出产的赤霞珠都在模仿波尔多，这或许是消费者最熟悉的赤霞珠风格。一些本土品种较为小众的国家（意大利、葡萄牙、希腊等）为了更好地推广本国葡萄酒，也常常使用赤霞珠混酿本土品种。

种植优质赤霞珠的关键条件在于温暖的生长环境和排水良好的土壤。

赤霞珠需要在较温暖的气候下才能成熟，否则会产生令人不悦的生青味（青椒）和粗涩的单宁质感。在一些凉爽地区，或是温暖地区的冷凉年份，赤霞珠都难以成熟。

在波尔多，赤霞珠种植于保热性和排水性俱佳的砾石土壤上；在一些气候更加炎热的新世界产区，如澳大利亚的库纳瓦拉（Coonawarra），红色的石灰石黏土同样也能孕育优质的果实。

与所有酿酒葡萄品种一样，严格控制产量对于酿造高品质赤霞珠葡萄酒而言至关重要。过高的产量会导致葡萄酒丧失香气，口感单薄又青涩。而近年来流行的超低产量，以及随之而来的成熟度极高、过度浓郁集中的风格，也会令消费者很快地感到厌倦。

赤霞珠的葡萄皮很厚，含有大量酚类物质和色素，因此适合在较高温度下进行较长时间的发酵和浸渍。强劲的结构和丰富的香气，让赤霞珠天生适合与橡木桶结合。不论是法国橡木桶（辛香料风格，如丁香、甘草），还是美国橡木桶（甜香料风格，如香草），都能给赤霞珠增添更多的香料气息。同时，橡木桶熟化还能柔化赤霞珠天生强劲的单宁，使葡萄酒更加圆润细腻。

混酿对于赤霞珠来说是家常便饭，而波尔多混酿（Bordeaux Blend）也已成为世界许多产区追捧的模式和风格。在波尔多，赤霞珠常与酒体更加厚重的美乐、香气更加精细的品丽珠一起混酿，一方面进一步丰富风味，另一方面也是为波尔多不稳定的海洋性气候"买保险"（多品种种植和混酿，保证了无论何种年份条件下，葡萄都能有一定的产量，且至少有部分达到较好的成熟度）。但在一些新世界国家，如美国、智利等，气候状况更加稳定，因此单一品种赤霞珠更为常见。

【法国】

波尔多 Bordeaux

波尔多显著的温带海洋性气候孕育出了最经典的赤霞珠葡萄酒。特别是左岸著名子产区 [玛歌（Margaux）、圣朱利安（Saint-Julien）、波亚克（Pauillac）、圣埃斯泰夫（Saint-Estèphe）、佩萨克-雷奥良（Pessac-Léognan）等] 的列级名庄葡萄酒，年轻时香气浓郁（黑醋栗、黑李子、青椒、薄荷、雪松等）且结构强劲，随着陈年变得相对柔和，发展出烟草、皮革等复杂的香气。这些地区出产的赤霞珠混酿是世界上陈年潜力最强的葡萄酒之一。

【美国】

加利福尼亚 California

在加州，赤霞珠是种植面积最广的红葡萄品种。以纳帕谷（Napa Valley）为代表的产区，出产着比肩波尔多的顶级酒款。由于气候和酿造理念不同，加州的赤霞珠葡萄酒往往更加浓郁，15%vol 以上的酒精度并不罕见。尽管时常有人指摘加州葡萄酒过于浓郁，香气近乎葡萄干甚至果酱，但最顶级的加州赤霞珠依然能保持良好的酸度和极佳的平衡，陈年潜力丝毫不逊于波尔多。

【澳大利亚】

虽然澳大利亚是西拉子的天下，但赤霞珠的种植依然广泛。库纳瓦拉（Coonawarra）的赤霞珠颜色深邃，口感浓郁，拥有经典的黑醋栗、薄荷和桉树香气。西澳大利亚的玛格丽特河（Margaret River），由于气候近似于波尔多，赤霞珠往往结构紧致，表现出黑色水果香气和怡人的草本气息。

在澳大利亚，赤霞珠也常与西拉子一起混酿。

【智利】

智利近年来诞生了一些顶级的赤霞珠葡萄酒,通常具有明显的草本植物香气(青椒、黑醋栗芽苞),同时也有成熟而浓郁的黑色水果气息。迈坡谷(Maipo Valley)、空加瓜谷(Colchagua Valley)和卡恰布谷(Cachapoal Valley)是智利目前最有名望的顶级赤霞珠产区。

赤霞珠 Cabernet Sauvignon

新鲜		黑加仑　黑樱桃　桑葚　青椒　薄荷　桉树
橡木		烟熏　香草　甘草　咖啡　丁香　雪松
陈年		皮革　烟草　松露

酸度	低	高
单宁	轻	重
酒体	轻	重
陈年潜力	弱	强

代表产区　　［法国］波尔多

　　　　　　　［美国］纳帕谷

　　　　　　　［澳大利亚］库纳瓦拉

　　　　　　　［智利］中央山谷

二、美乐 Merlot

在能找到赤霞珠的地方，基本上都能找到美乐。作为赤霞珠的最佳伴侣，美乐能够柔化强劲的赤霞珠，而长久以来似乎又一直活在赤霞珠的"阴影"之下。不过，随着人们饮酒习惯的改变，越来越多的消费者不愿花费数十年时间等待赤霞珠葡萄酒进入适饮期。于是，美乐迎来了它的"春天"。

如今，美乐除了与其他品种一起混酿，也常单独酿造柔和易饮的日常餐酒，拥有香甜的果香和巧克力的香气。此外，一些世界顶级的葡萄酒也由100％美乐酿造。

美乐比赤霞珠早熟，适合生长在温和的环境中。这种环境可以是气候本身的特点，也可以是土壤、海拔、朝向或其他微气候的影响所致。

在法国波尔多，波美侯（Pomerol）和圣埃美隆（Saint-Émilion）是美乐的最佳产区。波美侯富含铁质的黏土、沙土和砾石土壤，圣埃美隆的黏土 - 石灰石、砾石 - 石灰石土壤，都是最具代表性的适合美乐生长的土壤。

在《葡萄酒品鉴与侍酒服务（初级）》中提过，美乐经常戏剧性地表现出葡萄酒品质的上限与下限。究其原因，主要在于产量的控制。如果放任美乐在理想的环境中肆意生长，就会轻易结出大量果实，只能酿造颜色较浅、香气不足、口感单薄的餐酒。而波尔多右岸一些"车库酒庄"把美乐的产量控制到极低，酿造时搭配较高比例的新橡木桶，同时严格把控平衡感，最终出品的葡萄酒颜色非常深邃，充满黑色水果香气和浓郁的香料气息，结构厚实。

美乐的果粒比赤霞珠大，虽然酿造的葡萄酒在颜色、香气、单宁和酸度方面通常都不及赤霞珠，但它在混酿中能够增强酒体并增添成熟而甜美的果香。

橡木桶熟化能增加美乐葡萄酒的甜香料气息以及结构感。

单一品种酿造的美乐大部分是圆润易饮的风格，少数具有紧致细腻的香气、漂亮的酸度以及强劲的结构。

【法国】

波尔多 Bordeaux

尽管全球知名度最高的左岸名庄都以赤霞珠为主，但在右岸，无论是声名显赫的产区还是相对小众的"边缘"产区，都以美乐为王。波尔多大区级别的入门酒款也多以美乐为主要品种。正是因为美乐在波尔多更易成熟，如今波尔多种植面积最广的葡萄品种不是赤霞珠，而是美乐。

圣埃美隆的经典酒款以美乐为主，常常混酿一些品丽珠（有时也加入少许赤霞珠），展现出黑樱桃、李子、桂皮、丁香和甘草等香气，酒体饱满，结构有力。波尔多酒价最昂贵的子产区波美侯在混酿中采用美乐的比例更高，常常超过90%，年轻时拥有成熟的黑色水果香气和紫罗兰花香，陈年后发展出皮革、黑松露等诱人的气息。这些顶级美乐的陈年潜力并不亚于顶级赤霞珠，二三十年后依旧散发着迷人的魅力。

【其他地区】

法国朗格多克、意大利、美国加州、智利、澳大利亚、新西兰等地都广泛种植美乐，既有简单易饮的风格，也有可陈年的高品质葡萄酒。

美乐 Merlot

新鲜	草莓	红樱桃	蓝莓	黑樱桃	李子	无花果	紫罗兰
橡木	烟熏	香草	甘草	桂皮	巧克力	咖啡
陈年	皮革	肉汁	松露

酸度　低 ————————————————— 高
单宁　轻 ————————————————— 重
酒体　轻 ————————————————— 重
陈年潜力　弱 ————————————————— 强

代表产区　[法国] 波尔多
　　　　　[美国] 加利福尼亚
　　　　　[智利] 中央山谷

三、黑皮诺　Pinot Noir

黑皮诺是世界上最古老的酿酒葡萄之一。在上千年的历程中，黑皮诺演化出一些如今我们耳熟能详的品种，成就了庞大的皮诺家族（白皮诺、灰皮诺等）。许多著名的葡萄品种也与黑皮诺存在基因关系，如霞多丽、佳美、西拉等。

黑皮诺被视为最敏感的葡萄品种，对环境要求最为严格。很长一段时间以来，全世界只有勃艮第可以稳定出产优质的黑皮诺葡萄酒。尽管现在也有一些产区能酿造水准颇高的黑皮诺，为消费者提供更多的选择，但范围和产量依然十分有限。由于生产成本高昂且供不应求，黑皮诺葡萄酒的价格总体高于其他品种，尽管如此，人们依然热烈追捧着这个柔和易饮、果香四溢的品种。

黑皮诺是一个发芽早、成熟早的葡萄品种，通常种植于气候较凉爽且昼夜温差较大的地方。

勃艮第金丘（Côte d'Or）地区的石灰石-黏土被视为最适合黑皮诺生长的土壤。在其他地方，贫瘠且排水性良好的土壤是种植黑皮诺的先决条件。

由于基因不稳定，黑皮诺有许多突变品系可供选择。若想酿造特定风格的黑皮诺，选择合适的品系（天生产量高或低、颜色深或浅、果实大或小）十分关键。

黑皮诺通常是单一品种酿造。由于葡萄皮较薄，酿造的葡萄酒颜色较浅、单宁较少，因此通常采取发酵前冷浸渍，以便更好地萃取风味物质和优质单宁。发酵时根据想要的成酒风格，可选择全部带梗发酵、部分带梗发酵或完全不带梗发酵。

顶级黑皮诺常会经过橡木桶熟化，但须严格控制，否则黑皮诺本身优雅的香气和细腻的结构会遭到破坏。

【法国】

勃艮第 Bourgogne

勃艮第是黑皮诺的故乡，也是全世界公认的最顶级黑皮诺产区。勃艮第地域狭长、地形多样，单一品种酿造的黑皮诺也能展现出多种风格。在纬度和海拔都较高的上夜丘（Hautes-Côtes de Nuits），酒款风格较为清淡，酸度较高；而在南部较温暖的马贡（Maconnais），黑皮诺则更为圆润饱满，酸度较低；在最精彩的金丘地区（特别是一级园和特级园），黑皮诺的香气馥郁而优雅，结构深邃而复杂，余味悠长，陈年潜力强。在此基础之上，村庄与村庄之间，甚至葡萄园与葡萄园之间，又各自保有特色鲜明的风格，这大概就是法国人时常挂在嘴边的"风土（Terroir）"的最佳诠释。

香槟 Champagne

在这个冷凉的法国北部产区，黑皮诺用于酿造全世界最知名的起泡酒——香槟，带来红色水果的香气和细腻感，通常与霞多丽一起混酿。黑皮诺单一品种酿造的香槟被称作"黑中白（Blanc de Noirs）"[有时还会加入莫尼耶（Meunier）葡萄]。

此地出产少许黑皮诺酿造的静止酒，并不常见，整体颜色较淡、酸度很高。

【德国】

气候冷凉的德国虽然主要种植白葡萄品种，却令人惊奇的是全世界生产黑皮诺最多的国家之一。在这里，黑皮诺被称为"Spätburgunder"，主要种植于南部的法尔兹（Pflaz）和巴登（Baden）。德国黑皮诺通常酒体较轻，果香浓郁；法尔兹和巴登出产的优质黑皮诺表现出更加成熟的果香和饱满的酒体，经过橡木桶熟化后能增强香气的复杂度和口中的结构感。

【新西兰】

新西兰黑皮诺如今在国际市场上颇有名气。与勃艮第相比，此地的黑皮诺通常果香更加浓郁，酒体更加饱满，酸度相对较低，更加讨喜。由于中奥塔哥（Central Otago）的半大陆性气候类似勃艮第，这里的黑皮诺尤为出名。

【澳大利亚】

澳大利亚的大部分地区对于种植黑皮诺而言都太过炎热，但一些凉爽的地方如雅拉谷（Yarra Valley）、莫宁顿半岛（Mornington Peninsula）等，也能出产优质的黑皮诺葡萄酒。

一些地方也会像法国香槟一样，采用黑皮诺来酿造起泡酒。

【美国】

与澳大利亚一样，加州的大部分地区并不适合种植黑皮诺，只有一小部分凉爽的区域能够满足黑皮诺"精致"的生长需求，例如圣巴巴拉（Santa Barbara）和索诺玛郡（Sonoma County）的部分地区。

俄勒冈州北部如今也是优质黑皮诺的产地，通常果香浓郁（红色水果，甚至黑色水果），酒体较饱满。

有些地方如加州的卡内罗斯（Carneros），也会使用黑皮诺酿造一些优质的起泡酒。

黑皮诺 Pinot Noir

新鲜　草莓　覆盆子　红樱桃　蓝莓　黑樱桃　玫瑰　紫罗兰

橡木　烟熏　香草　丁香　桂皮

陈年　皮革　肉汁　蘑菇　松露

酸度　低　——————————————　高
单宁　轻　——————————————　重
酒体　轻　——————————————　重
陈年潜力　弱　——————————————　强

代表产区　[法国] 勃艮第、香槟

[德国] 巴登

[新西兰] 中奥塔哥

[澳大利亚] 雅拉谷

[美国] 俄勒冈、索诺玛郡

四、西拉　Syrah

法国罗纳河谷是历史悠久的经典西拉产区，但却是澳大利亚的种植与推广让西拉在全球大受欢迎。这两个区域对西拉有不同的称呼，同时也代表着两种不同的风格：如果酒标上是"Syrah"字样，一般意味着这瓶酒是罗纳河谷风格，以优雅的花香为主，附带精致的黑胡椒香气；若酒标上写着"Shiraz"，则暗示着澳大利亚风格，充满成熟黑色水果的香气和巧克力气息，口感浓郁厚重。

尽管西拉对环境要求相对苛刻，不能像赤霞珠一样"遍地开花"，但就浓郁风格的葡萄酒而言，西拉受欢迎的程度之高，可能是目前唯一能挑战赤霞珠的红葡萄品种。

西拉浓郁的果香、天生的甜香料气息以及饱满的酒体，给许多初尝葡萄酒的消费者留下了深刻的印象。这些特征也让西拉能够搭配相对重口味的食物，在许多主打浓郁菜品的餐厅都非常受欢迎。

法国的北罗纳河谷基本上划定了西拉生长的温度下限，此地的西拉需要种植在南向山坡上（同时也能遮挡自北而来的强风），才能达到良好的成熟度。相反，在澳大利亚，人们更多考虑的是如何防止西拉子过于成熟。

整体而言，西拉是一个高活力的品种，需要种植在贫瘠且排水性佳的土壤上以限制长势。在北罗纳河谷，葡萄只能种植在罗纳河畔陡峭的山坡上，产量天然地限制在较低的水平。在澳大利亚，工业化的生产模式可以获得较高的单位面积产量，而顶级品质的西拉子往往产自百年以上、产量极低的老藤。

由于西拉天生具有比较浓郁的香气，在这一方面并不需要橡木桶的帮助。在北罗纳河谷，传统上使用巨大的旧橡木罐（不会带来橡木味道）进行发酵和熟化，但近年来，采用小型的新橡木桶进行熟化的风潮渐起。在澳大利亚，使用全新橡木桶（特别是美国橡木桶）熟化西拉子特别常见。

尽管西拉单一品种酒很常见，但它也常用于混酿。在北罗纳河谷，传统上会在西拉发酵时加入少许白葡萄（维欧尼、玛珊或瑚珊）；在南罗纳河谷和法国南部，歌海娜、西拉和慕合怀特则是最常见的混酿组合，简称为"GSM"。在澳大利亚，除了GSM混酿，西拉子也常与赤霞珠组合。

【法国】

北罗纳河谷相对凉爽的温带气候赋予西拉优雅的紫罗兰花香，以及黑胡椒和草本（薄荷）的气息。南罗纳河谷和法国南部 [朗格多克-鲁西荣（Languedoc-Roussillon）、普罗旺斯（Provence）] 由于更加炎热，西拉容易过度成熟，因此更多的是作为多品种混酿的一个组成部分，为更加适合炎热干燥气候的歌海娜提供颜色、香气和结构感。

【澳大利亚】

西拉子广泛种植于澳大利亚各大产区，风格以浓郁型最为常见，带有成熟黑色水果（李子、桑葚、黑莓）的香气，以及甜香料和巧克力气息；惯用美国橡木桶的酿造手法，又为西拉子增添了更多的香草、椰子等香甜味。巴罗萨谷（Barossa Valley）和麦克拉伦谷（Mclaren Vale）都属于这种风格。

在一些相对凉爽的地区，如维多利亚州的希斯科特（Heathcote），西拉子没有那么浓郁，香气也相对内敛，北罗纳河谷的经典黑胡椒味在这里得以完美复刻。

西拉 Syrah

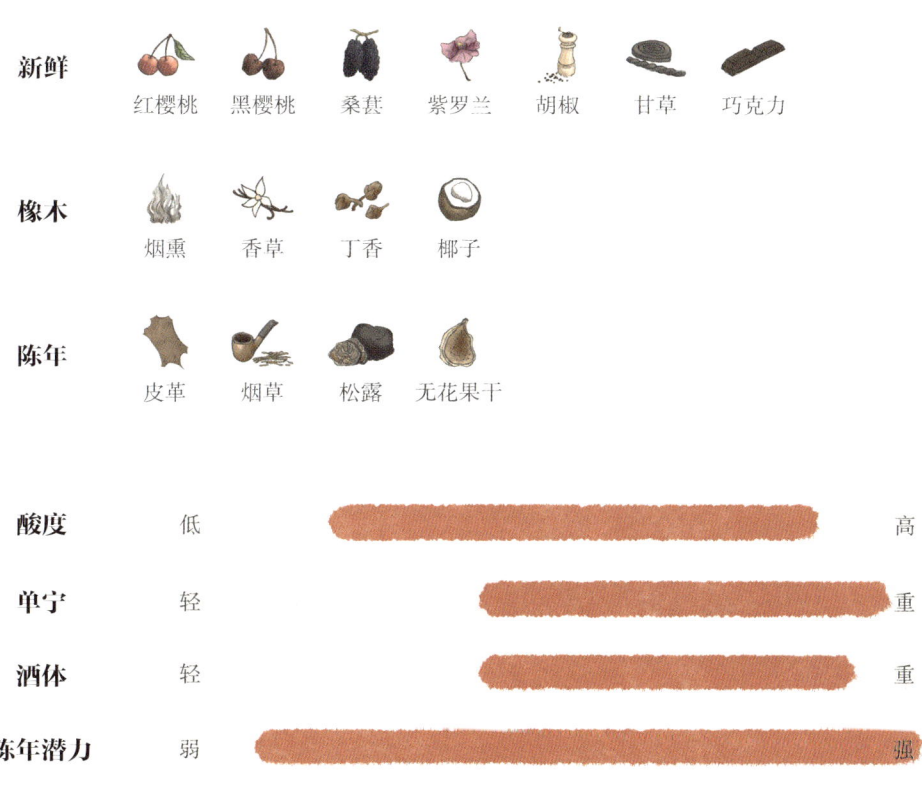

新鲜	红樱桃　黑樱桃　桑葚　紫罗兰　胡椒　甘草　巧克力
橡木	烟熏　香草　丁香　椰子
陈年	皮革　烟草　松露　无花果干

酸度　低 ——————————— 高
单宁　轻 ——————————— 重
酒体　轻 ——————————— 重
陈年潜力　弱 ——————————— 强

代表产区　[法国] 罗纳河谷

[澳大利亚] 巴罗萨谷、猎人谷、麦克拉伦谷、希思科特

五、歌海娜 Grenache

歌海娜适合在炎热干旱的环境中生长，能够酿造较高酒精度的葡萄酒（有时甚至能达到18%vol），因而成为了全世界种植面积最广的品种之一。

上述特点使得歌海娜在西班牙、法国南部、澳大利亚、美国加州等地随处可见。由于果皮颜色较浅、单宁含量较低，歌海娜常用于酿造桃红葡萄酒；又因果实糖分含量较高、单宁含量较低，也非常适合酿造各类加强酒。

同黑皮诺一样，歌海娜是一个古老的葡萄品种，在漫长的时间里通过基因突变演化出了一个庞大的歌海娜家族，如白歌海娜、灰歌海娜等。

歌海娜非常晚熟，"炎热、干旱、贫瘠"就是它生长环境的缩影。歌海娜天生"活力四射"，十分容易结出大量的果实。不过，由于环境影响和人为干涉，现实情况中的歌海娜通常产量不高，在某些地方（如西班牙的普里奥拉）甚至处于极低的水平，这些地方也正是高品质歌海娜的摇篮。精心设计的培型、严格的剪枝控芽等，都是控制歌海娜产量的必要手段。越来越受到重视的老藤也是限制果实数量的天然"法宝"。

歌海娜果实较大、果皮较薄，因此葡萄酒往往颜色浅，且单宁和酸度都不高，极易被氧化，需要精心控制压榨和发酵过程。在法国南部和西班牙，一般都在较大的旧橡木罐内发酵和熟化。近年来有越来越多的酒庄采用全新的小橡木桶进行熟化，能够帮助歌海娜更好地固定天生单薄的颜色，但若把握不好，也会掩盖歌海娜的甜美果香。

歌海娜葡萄酒极易出现高酒精度、低酸度的"油腻感"。在炎热的产区，如何控制歌海娜的高糖分成为一个难题，而混酿是一个较好的解决方式。在南罗纳河谷和法国南部，歌海娜、慕合怀特和西拉是最常见的搭配，即GSM。在澳大利亚，除了GSM混酿，歌海娜也与赤霞珠搭配。在混酿中，歌海娜提供酒精度、酒体和甜美的果香，而西拉、赤霞珠等葡萄则补充酸度、结构和陈年潜力。

【西班牙】

歌海娜在其故乡西班牙被称作"Garnacha"，广泛种植于西班牙东北部的加泰罗尼亚以及北部的阿拉贡（Aragón）、里奥哈（Rioja）和纳瓦拉（Navarra）。

在邻近巴塞罗那的普里奥拉（Priorat）高山上，歌海娜展现出最为浓郁深邃的风格。这里的葡萄酒酿造成本极高，产量极低，品质极为出众，因此价格高昂。传统上此处的歌海娜能够酿造近似黑色的葡萄酒，超过16%vol的酒精度更是家常便饭。极低的产量造就了超级浓郁的黑色水果香气和强劲的结构。不过，近年来，保持更高的酸度和相对较低的酒精度以酿造更加平衡细腻的葡萄酒成为风潮。

在西班牙最著名的里奥哈产区，歌海娜主要种植于东里奥哈（Rioja Oriental）地区，并与里奥哈其他子产区的丹魄混酿。

在毗邻里奥哈的纳瓦拉，歌海娜主要用于酿造果香充沛、简单易饮的桃红葡萄酒。

【法国】

南罗纳河谷炎热干燥的地中海气候非常适合歌海娜。在著名的教皇新堡（Châteauneuf-du-Pape），遍布大鹅卵石（Galets roulés）的土地所孕育出来的歌海娜葡萄酒享誉全球，虽然酒精度依然较高，但常能保持极佳的酸度和平衡度，用"优雅细腻"来形容也是合适的。

在法国南部的其他产区，歌海娜亦随处可见，无论是GSM混酿还是其他品种组合，抑或单一品种酿造，通常都是饱满圆润、酒精度十足的风格。

【澳大利亚】

GSM混酿也是澳大利亚的经典搭配之一。澳大利亚是稀有的老藤歌海娜的圣地，有些葡萄树甚至年纪过百，常能出产浓郁复杂的葡萄酒。巴罗萨谷（Barossa Valley）、麦克拉伦谷（Mclaren Vale）等地，都是高品质歌海娜的经典代表。

歌海娜 Grenache

新鲜 草莓　蓝莓　无花果　李子　可可　胡椒　香料

橡木 香草　甘草　咖啡　焦糖

陈年 无花果干　李子干　皮革

酸度	低 ██████████	高
单宁	轻 ██████████	重
酒体	轻　　　██████	重
陈年潜力	弱 ██████████	强

代表产区　［西班牙］普里奥拉、里奥哈、纳瓦拉

　　　　　　　［法国］罗纳河谷、法国南部

　　　　　　　［澳大利亚］南澳州

　　　　　　　［美国］加利福尼亚

六、内比奥罗　Nebbiolo

不知你是否听说过"内比奥罗葡萄酒需要提前至少 24 小时开瓶才能饮用"的说法？这可能是刻板印象最深入人心的葡萄品种：高酸、高单宁，不等上二三十年就根本无法入口。

作为意大利最著名的本土品种之一，内比奥罗充分反映了意大利葡萄酒的特点：香气内敛而口感强劲，需要搭配滋味浓厚的食物。不过，新派内比奥罗已经有了很大的改变：果香更浓郁、口感更圆润，更重要的是在其年轻时就适合饮用。

只有皮埃蒙特特殊的自然条件可以满足内比奥罗复杂的生长需求，因此它是最难以在其他产区成功复制的品种之一。不论传统风格还是新派风格，皮埃蒙特的内比奥罗一直被视为世界上最伟大的葡萄酒之一。

内比奥罗"Nebbiolo"这一名字源于意大利语的"nebbia"，意为"雾"。它有两层含义：一方面，这个品种相当晚熟，有时直到大雾弥漫的 11 月才进行采收；另一方面，成熟的葡萄果实表面粉霜很厚，宛如雾气笼罩。

晚熟的特性并不意味着内比奥罗钟爱炎热的气候。相反，事实证明在一些更热的地方，内比奥罗的生长不比在皮埃蒙特更好。这是一个对气候环境特别敏感的品种，能够充分反映风土的特点，这也是许多顶级内比奥罗都来自单一园的原因之一。内比奥罗的产量很不稳定。由于发芽早，易受霜冻威胁；又因为坐果率较低，花期内只要遇上些许不利天气，就足以使当年的葡萄减产。

正是因为内比奥罗对环境敏感，皮埃蒙特又有多样的小气候，所以有人说内比奥罗是意大利的黑皮诺，皮埃蒙特是意大利的勃艮第。不过，内比奥罗高单宁的特征与黑皮诺是截然相反的。

正如前文所述，传统理念下酿造的内比奥罗香气较为封闭，单宁突出，需要经历很长时间的陈年才能达到理想的饮用状态。究其原因，一是因为过去葡萄的成熟度不及现在，二是因为长时间的浸皮和熟化。如今，更先进的田间管理加上全球气候变暖的影响，内比奥罗成熟度显著提升；发酵时采用的高效温控技术，以及较短时间的浸皮和熟化，使葡萄酒呈现出更明显、更甜美的果香，口感愈加柔润，变得十分讨喜。

在当前国际潮流的影响下，越来越多的酿酒师使用小橡木桶熟化内比奥罗，柔化单宁的同时又增加一些香料风味，但过多的新桶会掩盖内比奥罗细腻的果香。

【意大利】

皮埃蒙特是内比奥罗的家乡，除了这里，全世界其他地方都很难出产高品质的内比奥罗。尽管如此，内比奥罗也仅占皮埃蒙特所有葡萄园的10%左右，但都是皮埃蒙特最好的葡萄园。

最顶级的内比奥罗来自巴罗洛（Barolo）和巴巴莱斯科（Barbaresco）两个小产区，价格不菲。这些地方酿造的葡萄酒，散发着内比奥罗最美好的玫瑰花瓣、红樱桃、西梅、草本和皮革的香气，入口能够体会到成熟而细腻的单宁如粉末般铺在舌面的感受。

如果要找一些高性价比且年轻时更加易饮的内比奥罗，可以把目光投向内比奥罗-阿尔巴（Nebbiolo d'Alba）或朗格-内比奥罗（Langhe Nebbiolo）等DOC。

【其他地区】

虽然皮埃蒙特之外鲜有优质内比奥罗，澳大利亚的部分产区和美国加州还是存在一些品质相对稳定的内比奥罗，但产量非常小。此外，美国维吉尼亚州有些高品质的内比奥罗，值得一试。

内比奥罗 Nebbiolo

新鲜 柏油　玫瑰　红樱桃　草莓　黑莓　李子　药草

橡木 烟熏　甘草

陈年 皮革　白松露　肉汁

酸度	低	高
单宁	轻	重
酒体	轻	重
陈年潜力	弱	强

代表产区 ［意大利］皮埃蒙特

［美国］维吉尼亚州

七、桑娇维塞 Sangiovese

桑娇维塞是意大利最著名的本土品种，其名意为"朱庇特之血"。它主要种植于意大利中部的托斯卡纳，见证着此地悠久的历史。

由于近代史上意大利社会格局动荡、经济建设滞后，葡萄园管理和酿酒技术的发展程度明显落后于法国。桑娇维塞作为一个高酸、高单宁且品质差异极大的品种，在这样的背景下难以出产高品质的葡萄酒。雪上加霜的是意大利一些经典产区还曾要求在桑娇维塞里添加白葡萄品种，如特雷比亚诺（Trebbiano）等，导致红葡萄酒的颜色更浅、酸度更尖锐。

20 世纪中下叶，托斯卡纳一些葡萄酒先锋人士从波尔多取经，将以赤霞珠为首的波尔多品种混入桑娇维塞，增添颜色、香气和复杂度。加上日益精进的田间管理方法和酿酒技术，托斯卡纳葡萄酒的整体品质有了显著的提高。

如今，托斯卡纳的桑娇维塞依然常与赤霞珠、美乐等国际品种混酿，但不同于 20 世纪后期，桑娇维塞在混酿中已经逐渐成为"主心骨"，100％ 桑娇维塞酿造的葡萄酒更是越来越常见。以托斯卡纳为首的意式葡萄酒正在复兴之路上高歌猛进。

桑娇维塞的成熟需要温暖的气候环境。在托斯卡纳大区最著名的基安蒂（Chianti），南向或西南向的葡萄园才足以保证桑娇维塞成熟。而大区南部的蒙达奇诺（Montalcino）拥有更加温暖干燥的气候，更适宜桑娇维塞的生长，这里的葡萄酒相较于基安蒂而言颜色更深，香气更成熟，酒体更饱满，单宁更细腻。

桑娇维塞是一个高活力的葡萄品种，需要在葡萄园中投入大量工作以控制其产量，而严控产量也是桑娇维塞达到良好成熟度的关键。

传统的托斯卡纳桑娇维塞会在巨大的旧橡木罐内发酵熟化。如今，使用一部分新橡木桶熟化的手法越来越多见，能够为葡萄酒增加一些香料气息，同时柔化单宁。

桑娇维塞常与赤霞珠、美乐、西拉及意大利其他一些本土品种进行混酿。被誉为"超级托斯卡纳（Super Tuscans）"的葡萄酒，有许多都是桑娇维塞与波尔多品种的混酿。有些地方如蒙达奇诺，则要求使用100%桑娇维塞。

【意大利】

意大利最著名的产区是托斯卡纳，而托斯卡纳是桑娇维塞的天下。尽管此地桑娇维塞的种植历史已有数百年，但葡萄酒风格的巨大改变是在最近几十年才发生的，品质也有了显著提升。使用巨大旧橡木罐酿造的传统风格具有明显的樱桃和草本香气，入口结构紧致，余味略带苦味；现代风格的桑娇维塞展现出更高的成熟度，又经过小橡木桶熟化，香气和酒体都有显著提升。

基安蒂（Chianti）是托斯卡纳最著名的子产区，出产的葡萄酒可能由100%桑娇维塞酿造，也可能混有少许其他品种，整体质量参差不齐，需谨慎挑选。而品质最为卓越的布鲁奈罗-蒙达奇诺（Brunello di Montalcino），要求采用100%桑娇维塞，成熟度较高且水准更加稳定，是托斯卡纳红葡萄酒的首选产区。另外，蒙特布查诺出产的贵族酒（Vino Nobile di Montepulciano）品质亦较为稳定，性价比也颇高。

"超级托斯卡纳"葡萄酒由于常常加入国际品种且经过小橡木桶

熟化，香气更加浓郁，酒体更加饱满，是波尔多及新世界波尔多风格葡萄酒的有力竞争者。

【其他地区】

桑娇维塞在世界其他地方的种植规模较小，目前鲜有产区能以这个品种著称。美国加州、澳大利亚等地或许能找到品质不错的桑娇维塞。

桑娇维塞 Sangiovese

新鲜	红樱桃	番茄干	黑莓	李子	紫罗兰	红茶	药草

橡木 烟熏　香草　甘草　桂皮　咖啡

陈年 肉汁　蘑菇　泥土　皮革

- **酸度** 低 ──────── 高
- **单宁** 轻 ──────── 重
- **酒体** 轻 ──────── 重
- **陈年潜力** 弱 ──────── 强

代表产区　[意大利] 托斯卡纳
　　　　　　　[美国] 加利福尼亚

八、丹魄 Tempranillo

丹魄是西班牙最重要的葡萄品种，西班牙大部分红葡萄酒以及绝大多数顶级酒都是由丹魄酿造而成。在西班牙之外，种植丹魄的产区并不多，对丹魄的称呼也不尽相同，导致丹魄"Tempranillo"这个名字在西班牙之外的西方世界也不算知名。在统一翻译为"丹魄"的中国，或许消费者对这个品种的认知度反而更高一些。

丹魄并不需要炎热的生长环境。高品质丹魄有两大种植区域：一是杜埃罗河岸（Ribera del Duero）的高海拔地区，二是里奥哈（Rioja）受大西洋影响的地区。

由于西班牙许多地方常年存在干旱问题（不同于法国，西班牙大多数产区允许人工灌溉），传统上葡萄树的种植并不密集。低密度种植虽然方便机械化作业，但也常常导致产量过高，严重影响葡萄酒的品质。因此，许多优质产区非常注重产量的严格控制。

丹魄天生抗氧化能力较强，所以传统上一些西班牙丹魄常使用美国橡木桶熟化数年之久，葡萄酒以香草味和三类香气为主，几乎没有新鲜的果香。如今，越来越多的酒庄选择在酿造过程中凸显丹魄的果香，并且缩短熟化时间，最大程度地保留新鲜感。传统的美国橡木桶也逐渐换为法国橡木桶，减少甜腻的香草和椰子气息，增添甘草、丁香和豆蔻的香气。

丹魄也常与其他品种一起混酿，如歌海娜、格拉西亚诺（Graciano）、赤霞珠、美乐等，以增加香气、酸度和新鲜感。

【西班牙】

里奥哈 Rioja

传统的里奥哈丹魄（常与歌海娜混酿）在旧橡木桶中熟化数年才会装瓶，此时葡萄酒已充满三类香气，毫无清新的果香，口味咸鲜。作为西班牙最著名的产区，里奥哈的这种风格似乎让消费者对西班牙葡萄酒产生了一些刻板印象。如今的里奥哈葡萄酒更多地强调果香且缩短熟化时间，颜色更深，香气更新鲜，结构更紧实。

杜埃罗河岸 Ribera del Duero

杜埃罗河岸的酿酒历史远不及里奥哈，却诞生了西班牙最贵最知名的葡萄酒。这里的气候和酿酒理念均与里奥哈不同，强调颜色、果香和浓郁度，并且大量使用新法国橡木桶。这些理念近年来也影响着里奥哈葡萄酒。

【葡萄牙】

在杜罗河谷（Douro），丹魄被称为"Tinta Roriz"，用于酿造著名的加强酒——波特（Port）。

在更南边的阿连特茹（Alentejo），丹魄名为"Aragonês"。

丹魄 Tempranillo

新鲜　草莓　覆盆子　黑樱桃　黑莓　李子

橡木　香草　可可　甘草　咖啡

陈年　李子干　泥土　肉汁　蘑菇　皮革

酸度　低　　　　　　　　　　　　　　　高
单宁　轻　　　　　　　　　　　　　　　重
酒体　轻　　　　　　　　　　　　　　　重
陈年潜力　弱　　　　　　　　　　　　　强

代表产区　[西班牙] 里奥哈、杜埃罗河岸

　　　　　　[葡萄牙] 杜罗河谷

第二节　主要红葡萄品种

一、品丽珠 Cabernet Franc

作为赤霞珠的"父母"之一，品丽珠却远不及"儿子"受追捧。大多数情况下，品丽珠只能作为"配角"加入赤霞珠混酿，增添一些细致的香气并柔化赤霞珠的口感。

品丽珠年轻时以红色水果香气为主（覆盆子、草莓），成熟度较高的情况下也会有黑色水果香气（黑加仑）。不过，最典型的品丽珠香气是些许植物气息（青椒、圆椒）和近似铅笔屑的味道。最好的品丽珠既拥有成熟的果香，也带有恰到好处的清新植物香气，入口圆润，富有灵动的酸度，是不容错过的绝佳体验。

与赤霞珠相比，品丽珠更能适应较凉爽的气候。例如波尔多右岸以凉爽黏土为主的地区，鲜少见到赤霞珠的踪迹，而品丽珠在这里却能出产优质葡萄酒。再比如法国更北边的卢瓦尔河谷，希侬（Chinon）和布格伊（Bourgueil）是著名的品丽珠单一品种葡萄酒产区。

在其他国家，推崇波尔多混酿风格的产区多多少少都种有品丽珠，但能够酿造单一品丽珠的酒庄依旧很少。

品丽珠 Cabernet Franc

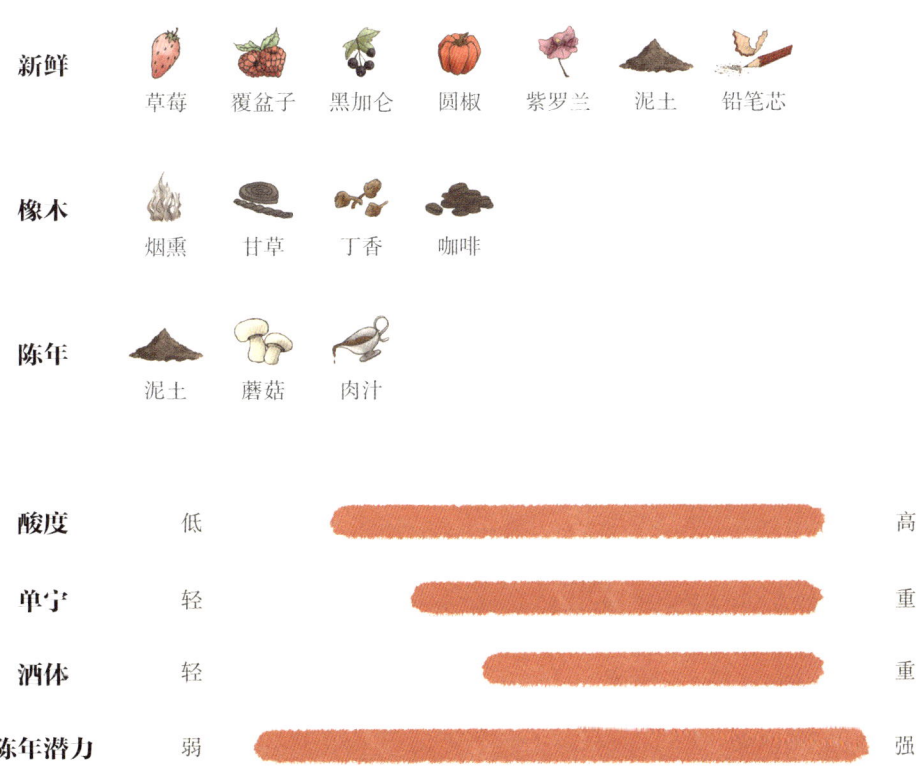

新鲜　草莓　覆盆子　黑加仑　圆椒　紫罗兰　泥土　铅笔芯

橡木　烟熏　甘草　丁香　咖啡

陈年　泥土　蘑菇　肉汁

酸度　低　——————————　高
单宁　轻　——————————　重
酒体　轻　——————————　重
陈年潜力　弱　——————————　强

代表产区　[法国] 波尔多、卢瓦尔河谷

二、佳美娜 Carmenère

这个原产法国波尔多的品种，由于产量低而逐渐被当地弃种，如今却成为智利最具代表性的葡萄品种。

佳美娜天生酸度较低，易给人以甜美的口感。饱满的酒体、圆润的单宁、浓郁的黑色水果香气（黑樱桃、黑李子、黑莓）以及难以消除的青椒和草本植物气息，是佳美娜的典型风格。常见的混酿搭档是赤霞珠，能为佳美娜提供酒体和香气。智利的许多顶级美酒以佳美娜为主体进行酿造，有些甚至采用100%佳美娜。

意大利东北部种植的佳美娜曾被误认为品丽珠，而智利的佳美娜曾长时间与美乐混种。经过优化种植，这两个地方的佳美娜才逐渐与其他品种分开酿造。尽管如此，由于大多数葡萄园是数个品种混合种植，佳美娜依然常与其他品种一同混酿。

佳美娜　Carmenère

新鲜　草莓　黑樱桃　黑莓　李子　青椒　药草

橡木　烟熏　巧克力　咖啡　甘草

陈年　肉汁　泥土　烟草

酸度	低	高
单宁	轻	重
酒体	轻	重
陈年潜力	弱	强

代表产区　[智利] 中央山谷
　　　　　　　[法国] 波尔多

三、马尔贝克、Malbec

原产法国西南地区的马尔贝克，却是在阿根廷得以发扬光大。

阿根廷的门多萨产区海拔高、光照充足、气候干燥，马尔贝克能够达到良好的成熟度，酿造颜色深邃、果香浓郁、口感丰满且具有较强陈年潜力的葡萄酒。

除此之外，法国西南产区的卡奥尔（Cahors）也以马尔贝克为主。在波尔多，马尔贝克主要种植于布尔丘（Côtes de Bourg）和布莱伊（Blaye），与美乐、品丽珠、赤霞珠等品种混酿，为葡萄酒增加颜色和结构感。

马尔贝克 Malbec

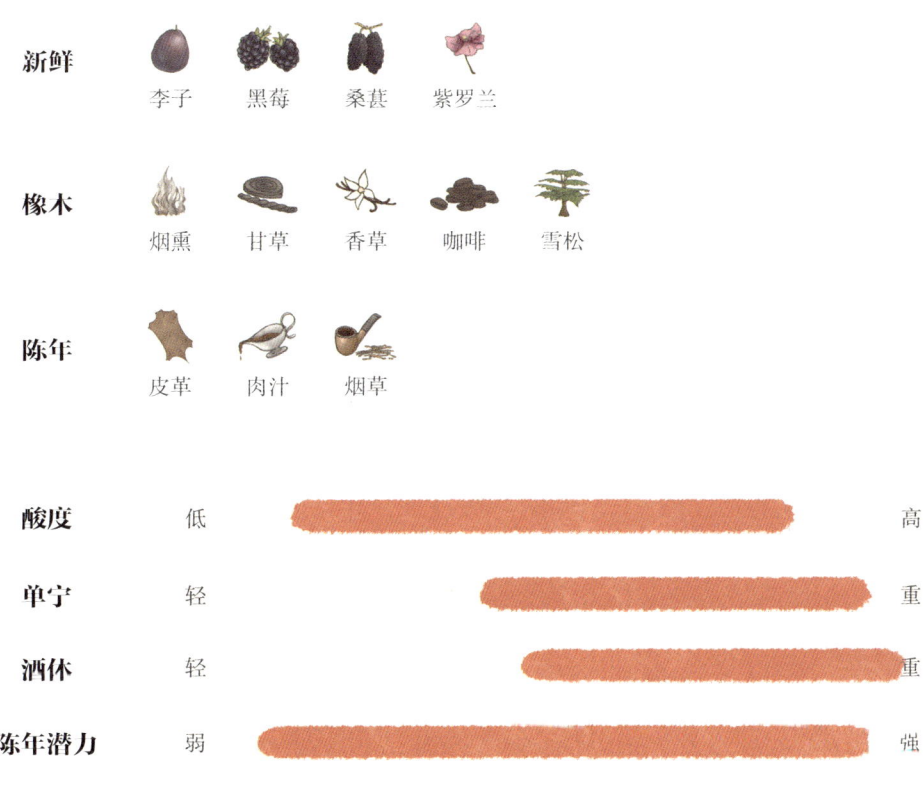

新鲜	李子	黑莓	桑葚	紫罗兰	
橡木	烟熏	甘草	香草	咖啡	雪松
陈年	皮革	肉汁	烟草		

酸度　低　——————————————　高
单宁　轻　　　——————————　重
酒体　轻　　　——————————　重
陈年潜力　弱　————————————　强

代表产区　[法国] 波尔多、卡奥尔
　　　　　[阿根廷] 门多萨

四、慕合怀特 Mourvèdre

慕合怀特在法国被称为"Mourvèdre",在西班牙被称为"Monastrell",在澳大利亚和美国被称为"Mataro"。这个品种原产自西班牙瓦伦西亚附近一个名为"Murviedro"的小镇。

慕合怀特成熟极晚,需要种植在热量和光照充足的地方。慕合怀特葡萄酒结构强劲,酒精度很高,拥有十分成熟的黑色水果香气和独特的动物气息、肉味和药草香气。

在法国,慕合怀特需要生长在教皇新堡(Châteauneuf-du-Pape)及其以南地区才能成熟,特别是普罗旺斯(Provence)、朗格多克-鲁西荣(Languedoc-Roussillon)等地,常与歌海娜和神索(Cinsault)等葡萄品种混酿。在普罗旺斯的邦多勒(Bandol)产区,慕合怀特的比例几乎达到100%,最能表现这个品种独有的风格。

在西班牙,马德里以南的地区才适合慕合怀特生长,如瓦伦西亚(Valencia)、耶克拉(Yecla)、胡米亚(Jumilla)、阿利坎特(Alicante)等。

在南澳,"歌海娜-西拉-慕合怀特"混酿的葡萄酒(GSM)非常流行,特别是一些老藤酿造的慕合怀特更是产量低而品质高。

慕合怀特 Mourvèdre

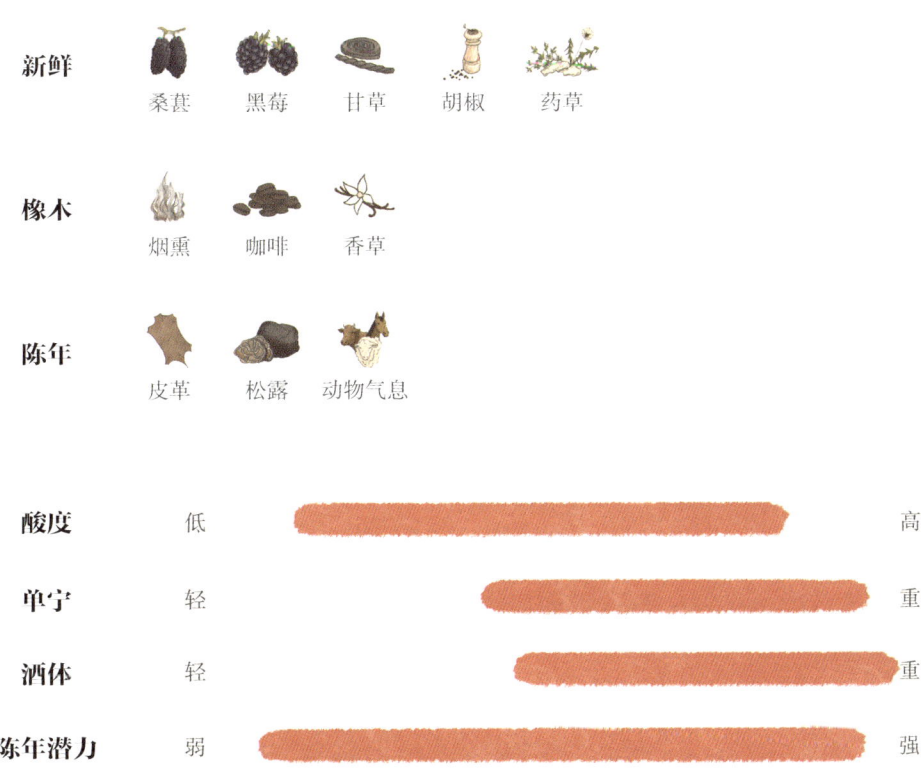

新鲜	桑葚 黑莓 甘草 胡椒 药草	
橡木	烟熏 咖啡 香草	
陈年	皮革 松露 动物气息	

	低	高
酸度	低	高
单宁	轻	重
酒体	轻	重
陈年潜力	弱	强

代表产区　[法国] 邦多勒、法国南部

　　　　　　[澳大利亚] 南澳州

　　　　　　[西班牙] 瓦伦西亚、胡米亚

五、佳美 Gamay

佳美主要种植于法国的博若莱（Beaujolais）、卢瓦尔河谷（Loire Valley）以及勃艮第南部的马贡（Mâconnais）。果粒较大，果皮较薄，适合酿造果香浓郁、口感圆润的葡萄酒。

全球约 70% 的佳美都种植于博若莱，大部分都用于酿造博若莱新酒（Beaujolais Nouveau）。博若莱新酒采用特殊工艺酿造，于采收当年 11 月的第三个星期四上市，是全球葡萄酒爱好者共同庆祝的一个盛大节日。新酒简单易饮，充满新鲜浓郁的果香和水果糖的香气，但没有陈年潜力，需在发售后几个月内饮用。

博若莱一些优质村庄如风车磨坊（Moulin-à-Vent）出产的佳美结构感更强，香气更复杂，具有一定的陈年潜力。

佳美 Gamay

新鲜 水果糖 红樱桃 草莓 覆盆子 桑葚 香蕉 紫罗兰

橡木 烟熏 甘草 丁香

酸度 低 ——————— 高
单宁 轻 ——————— 重
酒体 轻 ——————— 重
陈年潜力 弱 ——————— 强

代表产区 ［法国］博若莱、卢瓦尔河谷

六、金粉黛 Zinfandel

世界上知名的葡萄品种在美国加州几乎都能寻到踪迹，但号称"美国本土"的品种只有金粉黛。然而，基因检测表明，金粉黛与意大利的普里米蒂沃（Primitivo）、克罗地亚的卡斯特拉瑟丽（Crljenak Kaštelanski）是同一个葡萄品种，并非原产美国。尽管如此，金粉黛依然与加州牢牢绑定。

金粉黛最喜欢地中海气候，在这种气候条件下非常容易出产酒精度超高、酒体特别饱满、果香成熟浓郁的葡萄酒。

金粉黛风靡全美的浪潮始于名为"白金粉黛（White Zinfandel）"的葡萄酒——使用金粉黛酿造的半甜型桃红葡萄酒。但不久之后，白金粉黛以及口感肥厚的低品质金粉黛红葡萄酒却被贴上"低俗"的标签。

直到一些高品质的老藤金粉黛出现，人们对这一品种酿造的葡萄酒才开始有所改观。低产量的老藤金粉黛经橡木桶熟化后，展现出复杂的香气、清爽的酸度以及良好的结构感和平衡度。金粉黛与生俱来的成熟黑色果香与厚重酒体，十分适合美国橡木桶带来的香草和奶油香气。

第四章 常见红葡萄品种　105

金粉黛　Zinfandel

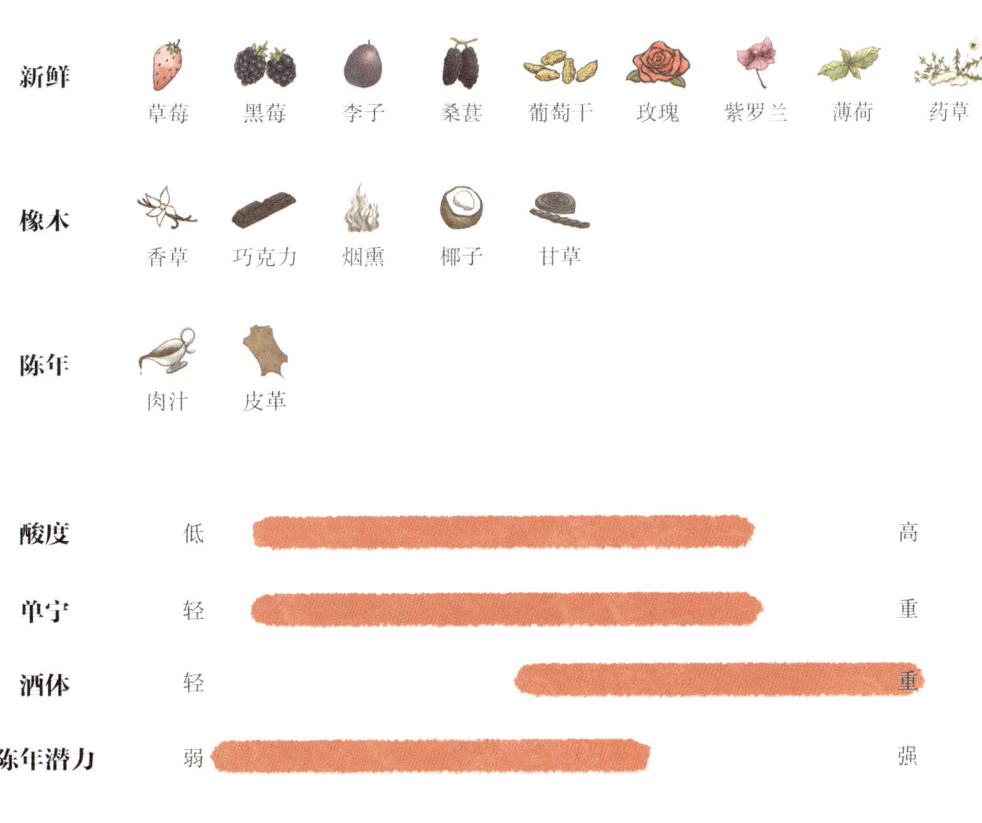

新鲜	草莓　黑莓　李子　桑葚　葡萄干　玫瑰　紫罗兰　薄荷　药草	
橡木	香草　巧克力　烟熏　椰子　甘草	
陈年	肉汁　皮革	

酸度	低 ————————————	高
单宁	轻 ————————————	重
酒体	轻　　　　—————————	重
陈年潜力	弱 ———————	强

代表产区　[美国] 加利福尼亚

　　　　　　[意大利] 普利亚

七、皮诺塔基 Pinotage

皮诺塔基是南非的主要红葡萄品种，由黑皮诺和神索（Cinsault）杂交而来。

除了红葡萄酒常见的草莓、西梅、蓝莓、李子等香气，皮诺塔基拥有一些独特的香气和口感。如果在种植、采收和酿造过程中不加严格控制，品种特有的橡胶香气容易突出，令人感到不悦，尖锐的酸度和生涩的单宁也会严重影响葡萄酒的品质。

自 2000 年左右开始，在南非本土酿酒师不断追求品质的努力下，一些值得陈年的高品质葡萄酒进入了人们的视野：由老藤皮诺塔基酿造，经橡木桶熟化，这些葡萄酒展现出浓郁的色泽、成熟怡人的果香、平衡的口感以及良好的结构。

此外，皮诺塔基可以酿造新鲜易饮的桃红葡萄酒。

皮诺塔基　Pinotage

新鲜	橡胶　草莓　覆盆子　西梅　蓝莓　李子	
橡木	烟熏　甘草　咖啡	
陈年	皮革　烟草　泥土	

	低/轻/弱	高/重/强
酸度	低 ▬▬▬▬▬▬▬▬▬▬	高
单宁	轻 ▬▬▬▬▬▬▬▬▬▬	重
酒体	轻 ▬▬▬▬▬▬▬	重
陈年潜力	弱 ▬▬▬▬▬▬	强

代表产区　[南非] 斯泰伦博斯、帕尔

八、国家杜丽佳 Touriga Nacional

国家杜丽佳是葡萄牙最重要的红葡萄品种，也是酿造波特（Port）的主要品种。

这一品种的果粒较小，颜色很深，产量非常低，能够酿造单宁强劲、果香成熟浓郁的葡萄酒。

在杜罗河谷（Douro），国家杜丽佳种植于河流两岸的陡峭梯田上，大部分葡萄园工作只能依靠人工进行。

近年来，葡萄牙投入了许多精力推广本国的非加强葡萄酒，其中，来自杜奥产区（Dão）的国家杜丽佳红葡萄酒尤其值得关注。

国家杜丽佳　Touriga Nacional

新鲜	黑莓　李子　桑葚　黑加仑　紫罗兰　胡椒	
橡木	巧克力　咖啡　烟熏　甘草　香草	
甜型	巧克力　葡萄干　李子干	
陈年	李子干　焦糖　皮革　烟草　肉汁	

酸度	低 ————————————— 高	
单宁	轻 ————————————— 重	
酒体	轻 ————————————— 重	
陈年潜力	弱 ————————————— 强	

代表产区　[葡萄牙] 杜罗河谷、杜奥

课堂练习

1. 炎热的夏季，如何选择一款红葡萄酒推荐给客人？

2. 餐厅里来了一位常客，平时只喝波尔多的红葡萄酒，今天想尝试一下别的红葡萄酒，你如何推荐？

第五章

起泡酒简介与侍酒服务

第一节 起泡酒的类型

根据残糖量划分的起泡酒类型

酒标术语（法语）	残糖含量 /（g/L）	中国国标规定
Brut Nature	0～3*	
Extra Brut	0～6	天然 ◆ Brut
Brut	0～12	
Extra-Sec	12～17	绝干 ◆ Extra-dry
Sec	17～32	干 ◆ Dry
Demi-Sec	32～50	半干 ◆ Semi-dry
Doux	> 50	甜 ◆ Sweet

* 全部为酒精发酵后的天然残糖，补液不可含糖。

按照残糖含量的高低，起泡酒可分为上表所示的不同类型，但这一划分的用词与日常生活中人们对甜度的描述颇有些出入。因此，掌握下列起泡酒类型术语更为重要。

【无年份 Non-vintage】

无年份起泡酒使用多个年份的基酒酿造。

【年份 Vintage】

年份起泡酒使用单一年份的基酒酿造,即酒标所示的年份(一些产区允许一小部分基酒为不同的年份)。

【桃红起泡酒 Rosé】

桃红起泡酒有三种常用的酿造方式:一是用桃红基酒二次发酵而成;二是用红白基酒混合调配后再进行二次发酵;三是用白葡萄酒二次发酵后,在补液时添加红葡萄酒调色而成。

【白中白 Blanc de Blancs】

仅由白葡萄品种酿造的白起泡酒。

【黑中白 Blanc de Noirs】

仅由红葡萄品种酿造的白起泡酒。

不同类型的起泡酒

第二节 起泡酒的酿造工艺

绝大多数起泡酒的气泡都是发酵过程中自然产生的。常见的起泡酒酿造工艺可分为四种：传统法、转移法、罐式法和阿斯蒂法。

【采收】

为保证葡萄串和葡萄颗粒的完整，起泡酒一般为手工采收，其中香槟等要求严格的产区更是百分百为手工采收。

【压榨】

压榨葡萄汁时，要求尽量轻柔以避免萃取单宁和颜色，特别是在用红葡萄品种酿造白起泡酒时。

垂直压榨机

【制作基酒】

大多数起泡酒需要经过两次酒精发酵。第一次酒精发酵与静止葡萄酒的发酵工艺基本相同，一般在大型不锈钢罐中快速进行，制成酸度较高的干型基酒。酒庄根据成酒风格的不同，决定发酵时是否采用橡木桶，以及后续是否进行苹果酸-乳酸发酵。大部分基酒随即用于酿造当年的起泡酒，而一部分基酒会留存下来，用于未来年份的基酒调配。

第二次酒精发酵是酿造绝大多数起泡酒的关键，详见下文的传统法、转移法和罐式法。

【调配】

调配可以在不同的葡萄园、不同的葡萄品种或多个年份的基酒之间进行。酒庄通过复杂的调配,得以保持每年出产的起泡酒风格始终如一。

一、传统法 Traditional Method

传统法制作的起泡酒以香槟最为典型。除此之外,法国的克雷芒(Crémant)、意大利的弗朗恰柯塔(Franciacorta)、西班牙的卡瓦(Cava)等,也均采用传统法酿造。

【瓶中二次发酵】

基酒调配完毕后,加入少量装瓶液(Liqueur de Tirage,一种混合了葡萄酒、糖、酵母、酵母营养液和下胶剂的液体),一同装入酒瓶并密封。此后的酿造过程都在这一个酒瓶里进行,直至成品酒上市都不会再更换酒瓶。

加入装瓶液

二次发酵在酒瓶中缓慢进行,糖分会被完全消耗,酒精度在基酒的基础上提升约1.5%vol。这一过程产生的二氧化碳在密闭的瓶内环境下溶于酒液,成为我们在起泡酒中见到的气泡。

【酵母自溶 & 瓶中陈酿】

随着二次发酵的结束,酵母死亡并形成酒泥,附着于瓶壁上。死亡的酵母细胞自发分解并释放糖蛋白,这一过程称为酵母自溶,会给起泡酒增添酒体,并带来面包、饼干和烘烤的风味。

一般来说，瓶中陈酿的时间越长，起泡酒的风味越复杂。有些起泡酒，如顶级的年份香槟，瓶中陈酿的时间可达十年甚至更长。

酵母自溶

【转瓶】

为了清除附着于瓶壁上的酒泥，长期处于水平卧放状态的酒瓶需要逐渐旋转至竖直倒立的状态，使酒泥聚集至瓶口以便进行除渣。传统的转瓶过程为手工操作，需要大约八周的时间。如今绝大多数酒庄使用机器转瓶，大大缩短了时间，提升了效率。

手工转瓶与机械转瓶

【除渣 & 补液】

转瓶结束后，酒瓶的瓶颈部位需要倒插入冷盐水中，使酒泥与一小部分酒液迅速冻结，然后取出酒瓶立即打开瓶塞，利用瓶中的高压迅速顶出冻结的酒泥，然后堵住瓶口。损失的一小部分酒液将使用补充液（Liqueur d'expédition）来替代。补充液由葡萄酒

除渣、补液、打塞

和糖分组成，也可完全不含糖，而补液的添糖量将决定起泡酒最终的甜度。补液后，再次打塞并经过短暂存储稳定，起泡酒便可上市销售了。

二、转移法 Transfer Method

在传统法中,每瓶酒都要单独进行除渣和补液,成本较高,效率较低,于是便有了转移法。

转移法也是在瓶中进行二次发酵和陈酿,但转瓶后会将同一批次的起泡酒全部倒入一个封闭高压的大罐中,加压过滤酒泥并加入补充液,然后重新装瓶。这种方法显著地提高了效率,降低了生产成本。

三、罐式法 Tank Method

传统法和转移法都存在酵母自溶的过程,会产生特有的面包、饼干和烘烤香气,适合一些香气中性的葡萄品种。而麝香葡萄、雷司令等香气浓郁奔放的葡萄品种,为了能在制成起泡酒后依然保有品种的香气特点,会采用罐式法。

罐式法又称为罐中发酵法或查玛法,即在封闭的大罐中进行二次酒精发酵。在此之后,酒液一般不与酒泥长期接触,不会产生酵母自溶带来的风味。

罐式法的生产成本较低,且能在较短时间内完成酿造上市销售,因此在价格方面比传统法和转移法更有优势。

罐式法最具代表性的是意大利普罗塞克起泡酒(Prosecco)。

四、阿斯蒂法 Asti Method

阿斯蒂法是意大利皮埃蒙特的阿斯蒂产区的传统工艺,用于酿造阿斯蒂高泡酒(Asti)或莫斯卡托阿斯蒂低泡酒(Moscato d'Asti)。不同于以上三种方法，阿斯蒂法只进行一次酒精发酵，而且是不完全发酵，因此成品酒的气泡较少，残糖含量较高。

这个方法是将冷藏的葡萄汁置于敞口的大罐中升温并启动发酵，使发酵前期产生的二氧化碳得以释放；达到一定的酒精度后再将发酵罐密封，之后产生的二氧化碳便溶入酒液中。待酒精度达到要求后（最高 7%vol 左右），便降温以终止发酵，然后过滤并装瓶。

五、二氧化碳注入法

一些廉价的起泡酒是在高压下直接注入二氧化碳制成，通常是果香浓郁的风格，但气泡比较粗糙，无法产出高品质的起泡酒。

第三节　起泡酒的侍酒服务

起泡酒的瓶内压强一般很高，需要充分冰镇后再开瓶。即使事前经过充分准备，开瓶时酒塞和酒液依然有可能喷出，因此每个步骤都要格外小心。

一、准备工具

01　海马刀　　02　酒布　　03　托盘

04　冰桶架　　05　冰桶（冰块与水 1:1）

二、再次确认酒款

将未开瓶的起泡酒呈于主人面前,复述酒名和年份,进行再次确认。

不要直接用手拿握酒瓶,应使用酒布。如果酒的温度不合适,需要放入冰桶中降至适宜温度再开瓶。冰桶取酒要轻拿轻放,以免冰块和水溢出。

三、开瓶

01 沿着瓶口铁丝网,用海马刀去除酒帽(也可以徒手拉开瓶口丝带去除酒帽,但一般不建议这么做),并放入口袋。

! 开瓶时一定要与客人保持一定的距离。

02 用酒布盖住瓶口,一手紧握酒塞并按住,另一只手先松开铁丝网,然后抓住瓶底。

! 此时开始要全程用力按住酒塞。

03 将瓶身倾斜30°~45°,握住酒塞的手不动,另一只手利用腕部力量转动瓶身(切勿转动酒塞),使瓶内的压力慢慢顶出酒塞。注意:如果开瓶手法正确,应该产生轻微的漏气声,而不是巨大的"砰"响。

! 瓶口切勿朝着有人的方向。

! 转动瓶身时要紧握酒塞,防止突然喷出。

04 用干净的酒布擦拭瓶口,进行侍酒服务。

四、侍酒

01 右手拿酒,酒标正对主人,倒出约15mL的酒给主人进行品尝。

! 酒水服务始终在客人右侧进行。

02 待主人做出肯定的试酒评价后,从主人左手边的客人开始,顺时针方向倒酒。倒酒量约为酒杯的3/4。服务顺序依照"主客→女士→男士→主人"的准则。

! 每次倒酒后,用酒布擦拭瓶口,防止滴漏。

五、放置酒瓶

侍酒完毕后,将酒瓶放回冰桶,取一块干净的酒布盖住冰桶。

冰桶架应置于主人右侧且方便主人拿取的位置,但不能妨碍服务人员和客人的行动。

如果酒已经太凉,则不必放回冰桶,而应置于托盘上,放在主人右侧。侍酒时用手留意酒的温度,如果太高就放回冰桶。

课堂练习

1. 如果你想酿造一款果香芬芳的起泡酒,你会选择什么样的酿造方式?

2. 以正确的方式开启一瓶起泡酒。

第六章
老酒简介与侍酒服务

第一节　什么是老酒

　　首先应当明确，"老酒"并非一个死板的定义，葡萄酒的"年龄"不是划分老酒的标准。对于一瓶波尔多左岸一级庄而言，上市十年之后依然可谓年轻；而一瓶博若莱新酒，可能在第二年就不再新鲜了。

　　判断一瓶葡萄酒是否已为老酒，需要综合考虑葡萄品种、酿造工艺、年份、产区、储存条件等多种因素，它们共同决定了一款酒的陈年潜力。

　　一般来说，酸度越高、单宁越高（红葡萄酒）、香气越浓郁的葡萄酒，陈年潜力就越大。但是，即便是满足以上条件的酒，也并非全都值得陈年，还应考虑陈年是否会带来更好的变化。例如长相思，通常酸度很高且香气很浓郁，但绝大多数长相思不适合陈年，因为陈年后并不能发展出更吸引人的香气，反而会失去原本清新怡人的果香、花香和植物香气。

　　一款适饮的老酒应当具有丰富的三类香气（可能仍然保留部分二类香气，甚至些许一类香气），并保有适当的酸度和结构。不过，由于个人对香气类型的偏好不尽相同，每个人对酒的"巅峰"状态的理解也有所差异。

优秀的侍酒师应当能够在不开瓶的情况下大致判断一款酒的状态，这就要求侍酒师掌握扎实的理论知识并积累大量的实践经验。

第二节　老酒的侍酒服务

一、准备工具

- 01　酒篮子
- 02　醒酒器
- 03　酒布
- 04　托盘
- 05　酒刀（海马刀或老酒刀）
- 06　蜡烛或小手电筒
- 07　火柴或打火机

二、取酒

小心轻取所需的老酒，放入酒篮子带到客人处。

! 全程避免晃动酒瓶。

向主人展示酒篮子内的老酒，然后将酒篮子及开瓶工具置于工作台上。工作台尽可能位于主人右侧。

三、开瓶

开酒过程中酒瓶始终保持斜卧置于酒篮子内，水平夹角约30°。先用海马刀去除酒帽，用干净的酒布擦拭瓶口，然后用海马刀或老酒刀小心拔出酒塞并放进托盘，再次擦拭瓶口。

点燃蜡烛或打开手电筒，小心地从篮子里取出酒瓶，将酒缓慢平稳地倒入醒酒器中。此时瓶肩要置于光源上方，在倒酒的同时注意观察瓶肩的情况，一旦沉淀物到达瓶肩，立刻停止倒酒，然后擦去酒瓶上滴漏的酒液。

四、侍酒

01　右手拿醒酒器，倒出约 30mL 的酒给主人进行品尝。

！ 酒水服务始终在客人右侧进行。

02　待主人做出肯定的试酒评价后，从主人左手边的客人开始，顺时针方向倒酒。倒酒一般至杯肚最宽处即可。服务顺序依照"主客 > 女士 > 男士 > 主人"的准则。

！ 每次倒酒后，用酒布擦拭醒酒器口，防止滴漏。

03　侍酒完毕后，将醒酒器置于餐桌上靠近主人的位置，并依据主人的需求决定是否留下酒塞和酒瓶。

老酒滗酒

第三节　采购老酒的注意事项

01　选择可靠的供应商。

02　如果是供应商主动推荐的老酒,应询问老酒的产区及酒庄历史。

03　确认老酒的储存情况,以及何时从酒庄发货。

04　询问供应商的销售频率和发货频率。

05　收货时检查酒的温度,察看酒标是否污损、酒液是否泄漏、液位高度是否不足等。

课堂练习

以正确的方式开启并服务一款老酒。

第七章

侍酒服务中的突发状况

第一节 开瓶时断塞怎么办

一、开瓶时酒塞断裂的原因

【酒塞质量问题】

部分低端葡萄酒使用劣质酒塞，容易出现断裂或破损的情况。

【葡萄酒储存问题】

如果酒瓶长期直立存放于干燥环境中，酒塞与酒液长时间不接触而逐渐干燥，就容易发生断裂。情况严重时，会出现酒塞收缩导致的漏液和氧化问题，甚至开瓶时酒塞掉进瓶内污染酒液。

在过于潮湿的环境下，酒塞会发霉、变脆甚至腐烂，变得极其易碎。

即便储存环境良好，这种酒塞老化的情况也常见于老酒。

【侍酒师操作失误】

这种情况并不罕见。每款葡萄酒的酒塞，其质量、长短，以及带给侍酒师的手感都不尽相同。侍酒师在高强度的工作中，有可能因经验不足或疲劳而出现失误。随着经验的积累，这类情况会越来越少。

【酒塞长度特殊】

随着时代发展，使用特殊长度的酒塞变得越来越普遍。如果事先没有留意，没有采取相应的开瓶措施，就容易造成断塞。

二、断塞对葡萄酒的影响

【橡木残渣影响口感】

伴随断塞可能会产生大量的橡木残渣，掉入酒中影响葡萄酒的口感和饮酒体验。

为了防止橡木残渣掉入瓶内，侍酒师在处理断塞时，有时会用力吹掉酒塞上部肉眼可见的残渣。需要注意的是，有些客人会介意卫生问题，侍酒师应提前询问客人并解释这样处理的原因。

【霉菌污染】

如果葡萄酒长期储存于潮湿的环境，酒塞有可能发霉。如果沾染霉菌的酒塞碎片接触酒液，也可能造成酒液污染。

三、如何处理一瓶断塞的葡萄酒

首先，不要慌张。如果侍酒时出现断塞的意外，最重要的是保持冷静。无论多么棘手的问题，无论多么稀有的葡萄酒，只要使用正确的方法，一定有最佳的解决效果。

【常用工具及方法】

仔细观察断塞的情况，选择适当的补救工具与措施。一般情况下，下列工具可用于补救断塞问题。

01 海马刀

在酒塞状态较好的情况下,一把简单的海马刀就可以解决断塞问题。

首先,用海马刀割掉整个缩帽,观察断塞的长度和断塞的位置。

选择瓶中断塞剩余最长的部位,将拔塞钻从这一部位钻入,在保证酒塞不碎的前提下尽可能钻到底,目的在于最大程度地让断塞与拔塞钻接触,

使用海马刀处理断塞

使酒塞的受力更均匀。上提海马刀时需要注意,拔塞钻的尖端尽可能始终触碰酒瓶颈壁,借力将断塞拔出。

这个方法非常方便,也最常用。海马刀是侍酒师随身携带的工具,操作也较轻便,熟练运用之后甚至可以应对更加复杂的断塞情况。但缺乏经验的侍酒师可能会感到吃力,尤其是拔塞钻的力道与角度不易掌握,需要多加练习。

02 老酒刀

老酒刀的法语为"Bilame",意思是"双金属片",顾名思义由两个金属片组成,是常用的老酒开瓶工具(沿着酒瓶瓶颈与酒塞之间的缝隙,将两个金属片相互交替慢慢插入,然后旋转

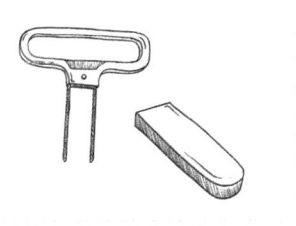

上提,取出酒塞)。老酒刀也可用于处理断塞,但通常是针对断塞剩余部分较长的情况,且整个过程需要更加小心,以免断塞落入酒液。

03　拔塞钻与老酒刀相结合

有些设计更加精巧的老酒刀，类似于海马刀拔塞钻部分与普通老酒刀的结合体，是侍酒师在面临极端情况时最有效的"手术刀"。这种酒刀的拔塞钻更轻巧、更细长、更尖锐，减少了脆弱的断塞所承受的压力。拔塞钻与两片金属的双重保护，保证开瓶过程中酒塞不会掉入瓶内，即便是断塞也可以轻松解决。

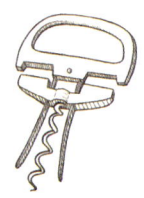

【补救措施：滗酒处理】

若在以上操作中出现失误，导致断塞无法拔出甚至掉入瓶中，仍有补救的办法：滗酒。

滗酒的操作与醒酒类似，但需在醒酒器瓶口加置一个过滤筛。市面上常见的成熟产品多为不锈钢过滤网，有些侍酒师由于担心不锈钢材质会给葡萄酒带来金属味（或为了避免客人在心理上产生类似的疑虑），也会使用医疗纱布、茶漏、茶包等过滤木屑。

虽然使用滤网非常方便，但这一措施必然导致断塞与酒液接触，会增加以下风险发生的几率，不到万不得已时不建议使用。

01　不锈钢过滤网可能会给客人心理上带来金属味的错觉。

02　断塞碎片掉入酒液中影响风味。

03　老酒氧化或结构被破坏：有些老酒十分脆弱，细密的滤网在滗酒过程中增加了酒液与空气的接触，加速氧化过程，致使老酒的结构松垮。因此，处理老酒时要谨慎选择滗酒这一方法。

【清洁瓶口】

断塞处理完毕后,不要忘记清洁瓶口。断塞取出后,酒瓶瓶口常会残留木屑或其他不洁物,需用洁净的酒布将瓶口擦拭干净再倒酒,否则可能会前功尽弃。

四、总结

处理断塞属于中高阶的侍酒技巧,也是对侍酒师技术与心理的考验。日常工作中,断塞是比较常见的突发状况,若想避免经常面临断塞问题的被动处境,就要认真观察每一瓶酒的状态并谨慎处理,最大程度地防止断塞发生。

除了本章介绍的解决方法之外,在实际工作场景中还有许多灵活的断塞处理方式。比如一瓶价格不高的酒出现断塞,如果遇到比较急切的客人,可以另取一瓶,提高工作效率并减少投诉;断塞的酒事后再做处理,杯卖出售,也不失为一种不错的解决方式。此外,优秀的侍酒师在技术过硬的情况下,完全可以把断塞的处理过程作为一场表演,一边操作一边向客人解说,展现侍酒师的专业、自信与从容,加深客人的信赖。

第二节 出现明显的还原气味怎么办

一、还原气味产生的原因

还原气味指的是火柴、臭鸡蛋等不良气味。有两种情况可能让一瓶酒产生还原气味:一是新装瓶的酒,由于游离硫的含量还比较高,容易出现呛鼻的火柴味,尤其是天生容易还原的葡萄品种如西拉、慕合怀特等;另一种是处于封闭期的酒,由于长期的还原反应,刚开瓶时会呈现出臭鸡蛋的气味。这两种情况都可以通过醒酒来解决。

二、如何处理还原气味明显的葡萄酒

葡萄酒的还原气味可以简单利用氧化反应来消除。侍酒师只要熟练掌握醒酒技巧,就能十分轻松地解决葡萄酒的还原问题。

最常见的解决方式只需要一个内部空间较大的醒酒器。将出现还原气味的葡萄酒倒入醒酒器,让酒液与空气充分接触,通常在短时间内就可以消除还原气味,让葡萄酒重现应有的怡人香气。如果还原情况比较严重,可以持续轻柔晃动醒酒器,加速酒液透氧,让葡萄酒尽快进入适饮状态。

第三节　客人不满意怎么办

侍酒师在服务过程中,不可避免地会遇到客人对杯中葡萄酒产生质疑。在点单时通过良好的沟通避免问题的发生,是最为理想的情况;当客人确实产生不满时,也不必惊慌。无论遭遇何种状况,侍酒师都应谨记"侍"字当先,以人为本,积极主动地解决问题。越是挑剔的客人往往对葡萄酒有越高的要求,可能与侍酒师有更多的共同语言。只要处理得当,曾经不满的客人最终或许都会成为忠实的回头客。

一、避免问题的发生

客人点酒或寻求建议时,侍酒师应仔细聆听需求,例如酒水类型、风格特色、心理价位等,而不是单纯为了销售业绩做出一些违背客人需求的推荐,这也是侍酒师的基本职业操守之一。

如果客人无法准确描述个人偏好,侍酒师可在餐厅预算内选择若干不同风格的可杯卖葡萄酒(每款微量即可),供客人尝试,由此推导出客人的喜好,再做瓶卖建议。

二、解决客人的不满

【葡萄酒状态问题:操作可以解决】

01 葡萄酒温度过高

解决方法:冰桶内装入1∶1冰水混合物并加入大量食盐,将葡萄酒放入冰桶中迅速降温;若情况紧急,可将葡萄酒换入内部空间窄小、材质轻薄的醒酒器中,再将醒酒器放入上述冰桶。通常葡萄酒可在5分钟内降至理想温度。

02 还原气味或香气闭塞

解决方法:向客人说明还原气味的产生原因,并用前文介绍的操作方式解决。

03 葡萄酒口感紧涩

解决方法:这种情况常见于年轻的红葡萄酒,可通过醒酒来改善口感,但要注意避免过度氧化和香气损失。

【葡萄酒质量问题:操作无法解决】

如果葡萄酒是因酿造、储藏或运输不当而产生不可逆的质量问题,如橡木塞污染*、过度氧化、受热变质等，侍酒师应为客人换酒，并将存在质量问题的酒交还供应商鉴定，可向供应商提出更换或赔偿要求。存在质量问题的葡萄酒绝不可提供给客人饮用，这不仅是侍酒师的职业素养，同时也是对客人负责。

【沟通不畅或经验不足导致的客人投诉】

如果侍酒师在点单时对客人需求领悟不到位，导致推荐的酒款不符合客人的预期，这种情况也可能遭遇投诉。此时，侍酒师应当更加耐心地与客人深入交流，帮助客人理解推荐酒款的魅力所在。与此同时，可以向餐厅申请赠送一杯更贴合客人喜好的杯卖酒，致以歉意。

---

* 橡木塞污染由 2,4,6-三氯苯甲醚（TCA）导致，所以又称为 TCA 污染。受 TCA 污染的葡萄酒会产生类似于纸板、湿报纸等的负面气味，严重影响葡萄酒本身的香气。使用天然橡木塞的葡萄酒都有一定的概率会发生 TCA 污染，是无法完全避免的。

课堂练习

1. 如果开瓶时突然断塞,你会如何向客人解释?

2. 角色扮演:二人一组,其中一人扮演正在餐厅用餐的客人,他/她正在向身为侍酒师的你抱怨刚刚呈上桌的葡萄酒,你该如何应对?

第八章

酒水推荐的基本考量：餐酒搭配

在餐厅里，我们向客人推荐酒水的基本考量因素是客人所选择的食物。

在初级课程中，我们已经了解餐酒搭配的基本逻辑"菜品口感➡酱汁➡香料"，以及"酸、甜、苦、辣、咸、鲜"对葡萄酒口感的影响。在此基础上，本章将进一步讲解传统西餐的搭配方法以及中餐搭配的多样性。

第一节　传统西餐的搭配

一、主菜配酒

在初级课程"餐酒搭配的基本逻辑"中，已经举过一些西餐配酒的例子。以下我们将系统分析西餐的配酒逻辑。

西餐主菜的主要组成部分为主食材（通常为肉、鱼、禽等）、酱汁、淀粉和配菜，需要分别结合餐酒搭配的基本逻辑进行考虑。除甜点和奶酪外，西餐的各类菜品基本上皆可运用此方法选择搭配酒款。

【主食材】

主食材的质感+烹饪方式=菜品口感,决定所选酒款的酒体与结构。

如果菜品口感偏硬,则搭配酒体饱满、结构强劲的酒款;反之,如果菜品口感偏软,就可搭配酒体轻盈、结构柔软的酒款。

【酱汁】

酱汁决定菜品的主要风味,也决定了所选酒款的种类是红葡萄酒还是白葡萄酒,是干型葡萄酒还是甜型葡萄酒。

【淀粉】

淀粉类食材的味道相对中立,除了作为主食材的情况(如意面、披萨、意饺等),大多数时候是餐酒搭配中可以不纳入考量的因素。

作为现代西餐重要的一部分,淀粉类食材在主菜中扮演着令人产生饱腹感的角色。与中餐各式各样的主食可以随意选择搭配不同,西餐的淀粉类通常都是伴随着一餐最重要的大菜而出现,对主厨和食客都非常重要;但另一方面,在餐酒搭配时侍酒师更多需要考虑的是风味的提升,味道中立的淀粉就变得不太重要。这也带出了一个非常重要的餐配酒理念:分清主次。优秀的餐酒搭配不是妄图面面俱到,而是懂得取舍有度。

【配菜】

配菜常常能成为画龙点睛之笔,如果善加利用,可以升华餐酒搭配的契合度与复杂度。

【地方特色搭配】

了解西餐的主要构成和餐配酒的基本理论后,还要注意学习地方特色的固定搭配，尤其是当地食物与当地酒水的搭配。掌握世界各个主要葡萄酒产区的饮食文化，是一名优秀侍酒师应有的基本素养。

例如，产自法国西北部大西洋沿岸的生蚝肥嫩而清爽，传统上常常搭配当地出产的清脆的密斯卡岱（Muscadet）和长相思葡萄酒。意大利许多地方盛产优质的番茄，是意面、披萨甚至各种配菜中十分常见的烹饪食材，意大利人很喜欢使用高酸的红葡萄酒来搭配番茄这个元素，因为二者皆具有高酸度的特点，不仅避免一个元素掩盖另一个元素的滋味，又能彼此相互衬托。

> **案例**
>
> 牛排配薯条是西方许多国家的一道经典主菜，搭配以何种葡萄酒，关键取决于牛排使用的牛肉部位以及搭配的酱汁。肉眼这种比较肥腻的部位可以搭配赤霞珠，而软嫩的菲力可以选择黑皮诺。另一方面，如果菲力的酱汁是奶类白酱，一款酒体饱满的过桶霞多丽则是优先选择。
>
> 作为淀粉类的薯条虽然是菜品本身不可忽视的一部分，对餐酒搭配而言却是非常次要的影响因素。即使把薯条换成土豆泥、烤土豆、意面或是烤玉米，都不会影响餐酒搭配的最终选择。

二、甜点配酒

酒类搭配甜点在中餐文化里不太常见，因为我们有另一种重要的饮品：茶。茶在中式茶话会里扮演着重要的角色，它清雅和微苦的口感能解除茶点带来的甜腻感，这与西餐中反向搭配的思路是一样的。不过，西餐中更传统更常见的搭配理念是正向搭配。

【正向搭配】

用甜酒搭配甜点，是十分老派的欧美式搭配，如苏玳贵腐酒配黄桃派、波特配巧克力慕斯蛋糕等。这种搭配的好处是相比反向搭配在口感上更加和谐，但大多数中国消费者对这种甜上加甜的搭配并不能接受。在这种情况下，酸度是平衡口感的关键，侍酒师要善用甜品或葡萄酒中的酸度，这样才不会让整个搭配过于甜腻。

【反向搭配】

用一些极干的酒类搭配甜点，从而消除甜腻感。尽管中国人很容易理解这种理念，但实践中选择干型葡萄酒搭配甜点需要特别谨慎，并非所有干型葡萄酒都能搭配甜味较重的食物。初级课程中提到，食物中的甜味会增加对葡萄酒的苦味、酸度和酒精度的感知，同时减少对酒体、甜味和果香的感知。因此，若要选择干型葡萄酒搭配甜点，通常都是本身苦涩感就很低的葡萄酒，常见的有极干型香槟或桃红香槟，干邑配熔岩蛋糕也是一个聪明的选择。

第二节　中餐搭配的多变性

中国饮食文化博大精深，有川、鲁、粤、闽、苏、浙、湘、徽八大菜系，各个菜系下又有无数分支。鱼、禽、果、蔬、蛋、奶，取材之广泛；煎、炒、蒸、煮、炖、烧，工艺之繁复；酸、甜、苦、辣、咸、鲜，口味之多样。

光是川菜一系，就有"一菜一格，百菜百味"之说。放眼世界其他饮食文化，少有能出其右者。也正是因此，中餐的餐酒搭配如果以菜系或口味作为切入点来阐述，很难厘清条理，似乎也缺少对中餐文化的基本尊重。若想成为一名优秀的侍酒师，更应该深入地了解中餐之多变性。除此之外，还要从消费者的饮食习惯、饮食需求和饮食趋势等多个方面去考虑中餐配酒的可能性。

尽管如此，我们可以尝试以用餐形式作为切入点，分析中餐配酒的逻辑。无论是分餐制还是合餐制，西餐配酒的基础逻辑同样适用，即"菜品口感 + 酱汁"决定所选酒款的酒体结构和类型。

以粤菜常见的脆皮鸡为例，经过"煮、卤、浸、淋、炸"等复杂工艺，鸡的外皮变得焦脆，内在却汁水饱满。若是直接入口，这道口感中等强度、风味中性的菜肴用一款勃艮第霞多丽来配是非常好的选择。但是，如果脆皮鸡搭配了赤酱做底的广式酱汁，那么很可能要将白葡萄酒换成红葡萄酒来搭配。

在此基础上，分餐制与合餐制又有各自不同的特点，需要针对性地加以考虑。

一、分餐制

分餐制是中国最古老的饮食方式，不同于现在更常见的"围桌而坐，举箸共食"，是宋代之前的主流饮食文化。这种形式如今常见于许多地方官府菜和高端中餐宴请。

分餐制的服务形式与西餐类似，菜品分小碟单独摆放于每位客人面前，食用完毕后才呈上下一道。就餐酒搭配而言，分餐制是相对简单的场景，但仍需注意以下要点。

【口味合并】

一般而言，酒款数量应少于菜品数量。

由于菜系、招待规格等差异，一场分餐制的中餐筵席可能少则五六道菜，多至数十道，不能像西餐一样为每道菜搭配不同的酒款，因为客人无法承受如此大量的酒精摄入与味觉信息。过多的配酒也会让客人的用餐体验较差，出现持续被打扰的慌乱感。

一名优秀的侍酒师要懂得做减法，明白"少即是多"的道理，可以与主厨沟通尝试把味道相近的几道菜品集中到一起，用一款酒来搭配。

【注意留白】

不适合配酒的菜品不要强行搭配。

比如汤，作为流状菜品，无论温度还是口感都很难配酒，若非必要就无需专门搭配一款酒。相反，给客人留出空隙认真喝汤，让大脑和味觉稍作休息，客人才能集中精力听侍酒师讲解下一道餐酒搭配。

* 冷菜配酒

与西餐的餐前小食（Amuse-bouche）或前菜不同，中餐的冷菜通常种类繁多，即使是在分餐制中，也有可能同时呈上多道冷盘，很难用一款酒完美搭配。不过，冷菜作为正式宴席的序曲，并非众人注意的焦点，即使某一道冷菜与开胃酒不甚搭配，也无伤大雅。通常情况下，一款清凉的起泡酒是个不错的选择，因为冷菜的口感清爽，多以醋作为主要酱汁，相似的酸度和温度不会让餐与酒产生冲突，同时又起到开胃的作用。

【切勿喧宾夺主】

如果客人的目的是品尝佳肴，就不能让酒抢了菜的风头。反之亦然。

二、合餐制

合餐制在中国历史上是晚于分餐制发展起来的，如今已成为中国人最常见的饮食方式和重要的情感交流方式。

【主题搭配法】

就餐酒搭配而言，合餐制是较为复杂的场景，因为没有一款酒可以完美搭配一整桌食物。但大多数情况下，一场宴席会有一个主题或一道最重要的"大菜"。因此，我们可以根据主题或最重要的菜品来搭配酒水。

以烤鸭为例，如果一顿饭最重要的大菜是烤鸭，且只选择一款酒，那么就应该选择适合搭配烤鸭的酒款。鸭子属于红肉的一种，口感有些嚼劲，配上油香四溢的脆皮，沾上甜面酱卷着饼皮，此时搭配一款新西兰中奥塔哥的黑皮诺，是一个相当不错的选择：酒的结构能支撑鸭肉的质感，圆滑成熟的口感和丰富的果香与甜面酱的甜度也能相得益彰，同时黑皮诺的高酸度能解除烤鸭的油腻感。

【火锅如何搭配】

生活中一个常见的聚餐主题是"吃火锅"，作为许多中国人最喜爱的餐饮形式之一，我们不可能绕过这个难缠的话题。以最难搭配葡萄酒的重庆火锅为例，其食材众多、口感不一，很难把握配酒的关键。但有一点是统一的，那就是重庆火锅以辛辣为主的味道，因此我们可以从解辣着手。对于大多数人来说，吃火锅配酒的意图是中和辣度，可以选择酒精度低、饮用温度低、有甜感的葡萄酒。例如德国莫泽尔半干型雷司令比法国阿尔萨斯甜型琼瑶浆更解辣，原因主要在于前者的酒精度低于后者，对比如下表所示。

搭配辛辣食物的候选酒款对比

酒款	酒精度	侍酒温度	甜度
德国莫泽尔半干型雷司令	中低	低	中高
法国阿尔萨斯甜型琼瑶浆	高	低	高

不过，以上这种解辣的配酒思路，并不一定适合所有客人。如果站在客人的角度来考虑，总有部分人偏爱这种灼烧的刺激感。针对这一部分客人，可以推荐一些酒精度较高的葡萄酒或烈酒，以酒精增强辛辣食物的刺激感。

三、地方特色搭配

一些地方特色的食材和菜品有其独到之处，配酒时也须加以考虑。比如江浙一带的浓油赤酱偏甜，有些人喜欢用略带残糖的普里米蒂沃（Primitivo）或者阿玛罗尼（Amarone）搭配；粤菜相对清淡，可能更适合搭配白葡萄酒；西北菜椒盐调料多，也许天生适合西拉。

课堂练习

找出一张你最近与朋友聚餐时拍的食物照片,你会如何搭配葡萄酒?

第九章
酒水推荐的其他考量因素

要想向客人推荐一款合适的葡萄酒，除了上一章提到的餐食之外，还需要考量其他因素。其中一些是侍酒师易于察觉的客观因素，另一些则较为主观，需要与客人进行有效沟通，以准确了解其个人偏好。

第一节　客观因素

一、季节

季节首先会通过温度的改变，使人们对不同种类的饮品产生需求。在寒冷的冬季，人们通常更想喝酒精度较高、酒体较厚重、饮用温度较高的酒水；炎热的夏季则会让人对酒精度低、酒体轻盈、饮用温度较低的酒水产生欲望。

其次，如果我们回归到上一章的角度来思考问题，不同季节盛产食物的不同，就会对餐酒搭配产生影响。

二、用餐时段

【早午餐】

许多高端酒店会在 10:00~12:00 提供早午餐（brunch）服务。尽管一般少有客人会在上午饮酒，但如果客人有需要，推荐一杯清爽的葡萄酒如香槟来唤醒感官，是一个不错的选择。

【午餐】

大多数人的午餐时间较短，且下午会有工作或其他安排，因此午餐时饮酒量通常较少。此时一般适合推荐杯卖酒或酒精度较低的葡萄酒。

【下午茶】

下午茶一般会配有精致的糕点，通常以咸口或甜口为主，这时可以考虑结合餐酒搭配的知识来推荐酒水。起泡酒和甜酒是常见的选择，同时也适合搭配下午茶所用的糕点。

【晚餐】

晚餐一般是一天中用餐时间最长且最丰盛的一顿，此时也是一天中销售酒水的最佳时机。在考虑餐酒搭配的基础上，可以尝试推荐需要较长醒酒时间来充分展现其魅力的酒款。

【餐后】

在晚饭后的时段，餐酒搭配通常会选择烈酒，例如果渣白兰地、威士忌、干邑、伏特加、朗姆酒等。

第二节　主观因素

一、预算

首先，侍酒师可以根据客人点餐的人均价格来判断其酒水预算。通常而言，人均用餐价格就是客人愿意支付的一瓶酒的价格。在此基础上，可以进一步结合用餐性质和来宾人数做出更具针对性的酒水推荐。

【用餐性质】

通过沟通去了解客人的用餐性质，是商务宴请还是亲朋聚会等。

如果是商务宴请，客人的预算通常会比较高，可以建议客人选购一些品牌知名度较高且有故事可讲的葡萄酒。

老年份葡萄酒也不失为一个好选择。商务宴请比较讲究排场，点一瓶老年份葡萄酒，除了表达对于所邀宾客的尊重之外，高级酒店和餐厅的侍酒师一般都会在客人面前做老年份葡萄酒的醒酒环节。这个环节所包含的一系列动作会增加进餐的仪式感，增强餐桌氛围。

另一方面，亲朋聚会一般不太讲究排面，因此无需昂贵的酒水。可以推荐一些新世界单一品种的葡萄酒，简单易饮，足以烘托用餐气氛。

【来宾人数】

来宾人数也是需要注意的考量因素。通常来说，一瓶 750 mL 的葡萄酒，能够满足 3~5 人饮用。但如果要提升整个餐酒搭配的体验，侍酒师可以选三瓶酒：一瓶白葡萄酒、一瓶红葡萄酒和一瓶甜酒。

如果人数比较多但预算并不是很高，这种情况下可以推荐一瓶烈酒。通常一杯烈酒的量是 20~30 mL，换言之，一瓶 700 mL 的烈酒可以分给 23~35 个客人享用。酒店通常也会提供烈酒存放服务，方便客人用不完一瓶烈酒时可以妥善保存，下次到店继续享用。

二、口味

一个人对酒和食物的偏好，与个人经历、性别、有无抽烟习惯等一系列因素息息相关。

【个人经历】

在一个人的一生经历中，最直接影响口味的是饮食习惯，它让人对各种味道有不同的敏感度和偏好。

有些个人经历会直接影响对葡萄酒的接受程度和选择方向。如有过海外生活经历的人，通常接触葡萄酒文化的机会比较多，可能更容易接受新口味、新品牌，或是不太出名的小众葡萄酒。这样的人群更有可能接受一些个性鲜明或风味独特的葡萄酒。

【性别】

首先要注意的是，"女性喜欢喝小甜水，男性喜欢喝浓郁红酒"这种刻板印象是非常片面且应该摒弃的。但对于一些没有葡萄酒饮用经验的客人，他们很难描述自己的偏好，侍酒师可以尝试以性别为参考来推荐酒款。

从大量的经验可以看出，刚刚接触葡萄酒的消费者，男性和女性之间确实存在一些偏好的区别。一般来说，女性消费者偏爱一类葡萄酒香气，尤其是清新的果香和花香，更能接受入口柔和且单宁和酸度较低的葡萄酒。尤其对于初尝葡萄酒的消费者而言，略带甜味的风格更具吸引力。男性群体普遍更偏好二类和三类葡萄酒香气，如干果、香料、烟熏和皮革，也会更喜欢酒体较饱满、结构较鲜明的葡萄酒。

向女性推荐的葡萄酒举例

起泡酒	莫斯卡托甜型起泡酒、意大利普罗塞克（Processco）
白葡萄酒	法国阿尔萨斯白葡萄酒、德国半干型雷司令、新西兰长相思
红葡萄酒	新西兰黑皮诺、智利美乐

向男性推荐的葡萄酒举例

起泡酒	干型香槟
白葡萄酒	过桶霞多丽
红葡萄酒	美国纳帕赤霞珠、法国南部红葡萄酒、西班牙里奥哈红葡萄酒

【抽烟/抽雪茄】

通常来说，习惯抽烟或抽雪茄的人群相对于非吸烟人士来说，口味偏好比较浓重。有吸烟习惯的客人对葡萄酒里的烟熏、香料、皮革、油脂之类的香气不会感到太陌生。可以推荐的酒包括澳大利亚的维欧尼、美国纳帕谷的赤霞珠和梅洛、澳大利亚的赤霞珠和西拉子、阿根廷的马尔贝克、智利的佳美娜、葡萄牙的晚装瓶年份波特酒等。

以上是很多侍酒师多年的经验总结，供大家参考，实践时需要灵活运用。

最重要的是，要记住没有唯一正确的推荐。不同的酒就像不同的颜色，我们不能说黑色比咖啡色更好，因为不同的颜色和葡萄酒都是各花入各眼。最关键的一点仍然是多和客人沟通，了解他们的背景和买酒目的，才能找出更符合客人需求的酒款。

课堂练习

找三位同学,想象不同的人物设定与场景(如商务人士用餐、年轻朋友之间的聚餐、闺蜜的下午茶等),你会如何向他们推荐葡萄酒?

参考资料

【外文】

01 Robinson, Jancis, and Julia Harding, eds. The Oxford companion to wine. American Chemical Society, 2015.

02 Clarke, Oz, and Margaret Rand. Grapes & Wines: A comprehensive guide to varieties and flavours. Pavilion Books, 2015.

03 Brunet, Paul. Le Vin et les vins au restaurant. Editions BPI, 2015.

04 Neiman, Ophélie. Le vin c'est pas sorcier. Marabout, 2013.

05 WSET Wine & Spirit Education Trust. Wines and Spirits: Looking behind the Label (An accompaniment to WSET Level 2 Award in Wines and Spirits). 2014.

06 WSET Wine & Spirit Education Trust. Understanding wines: Explaining style and quality (An accompaniment to WSET Level 3 Award in Wines). 2016.

【中文】

07 中华人民共和国国家质量监督检验检疫总局，中国国家标准化管理委员会. GB 15037-2006《葡萄酒》. 北京: 中国标准出版社, 2007.

08 休·约翰逊（Hugh Johnson），杰西斯·罗宾逊（Jancis Robinson）. 世界葡萄酒地图（第七版）. 北京: 中信出版社, 2014.

09 李玉鼎，陈林，胡登吉. 酿酒葡萄栽培与节水灌溉技术（修订版）. 银川: 阳光出版社, 2018.